영재교육을 위한

엔트리
교과서
코딩!

영재교육을 위한
엔트리 교과서 코딩
(국어 · 통합교과)

2018년 4월 22일 1판 1쇄 발행

저　　자	박재일 · 이광재
발 행 자	김남일
기　　획	김종훈
마 케 팅	정지숙
디 자 인	디자인클립

발 행 처	TOMATO
주　　소	서울 동대문구 왕산로 225
전　　화	0502.600.4925
팩　　스	0502.600.4924
Website	www.tomatobooks.co.kr
e-mail	tomatobooks@naver.com

ISBN　978-89-91068-87-2　53500

영재교육을 위한

엔트리 교과서 코딩

초등1

국어·통합교과

2007년 1월 9일, 한 남자의 발표로 세상이 바뀌었습니다. 세상을 바꾼 사람은 애플의 CEO였던 스티브 잡스. 이날 스티브 잡스는 세상에 아이폰을 소개했습니다.

"오늘 애플은 전화를 다시 발명합니다."

주머니에 들어가는 무게 142그램짜리 슈퍼컴퓨터 아이폰은 그렇게 생각을 바꾸었습니다.

아이폰으로 인해 많은 사람이 주머니에 슈퍼컴퓨터를 넣고 다니게 되었습니다. 이 아이폰으로 우리가 앱이라고 부르는 수많은 혁신적인 어플리케이션이 만들어졌습니다.

우리는 이제 스마트폰과 인터넷만 있다면, 언제 어디에서나 일을 할 수 있고, 게임과 인터넷 쇼핑도 할 수 있습니다. 원하는 옷을 살 수 있고, 사진을 찍고 인터넷 올려서 전 세계 사람들이 그 사진을 보게 할 수 있습니다.

이것이 바로 소프트웨어의 힘입니다. 마이크로소프트사를 만든 빌 게이츠, 페이스북을 만든 마크 저커버그, 이들은 모두 소프트웨어로 세상을 바꾼 사람들입니다.

지금 우리는 모든 것이 컴퓨터로 연결될 수 있는 사물인터넷 시대에 살고 있습니다. 이제 컴퓨터는 어디에나 있으며, 모든 것이 컴퓨터와 연결될 수 있습니다. 이 사물인터넷 시대 뒤에는 보이지 않는 소프트웨어가 있습니다.

이제는 3차 산업혁명을 넘어서는 4차 산업혁명 시대라고 합니다. 4차 산업혁명으로 인하여, 대부분의 산업은 지식과 기술 중심의 산업으로 획기적으로 변화할 것입니다. 4차 산업혁명 시대에서는 창의적인 아이디어를 기술, 지식, 제품과 융합하는 능력이 매우 중요합니다.

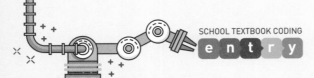

SCHOOL TEXTBOOK CODING
entry

영국에서는 이미 소프트웨어 과목을 필수과목으로 지정하여 초등학교부터 소프트웨어를 교육합니다. 우리나라도 초등학교부터 소프트웨어를 배워야 합니다.

하지만 단순히 코딩만 잘하는 것이 아니라, 여러 가지 다양한 지식과 함께 소프트웨어를 이용해서 문제를 해결하는 능력을 키워야 합니다. 스티브 잡스는 이렇게 말했습니다.

"기술만으로는 충분하지 않다. 기술(Technology), 인문학(Liberal Arts), 인본주의(Humanity)가 합쳐져야 멋진 것이 된다."

다양한 과목과 소프트웨어를 융합하는 것이 매우 중요합니다. 교과서에서 배우는 내용으로 코딩을 한다면 깊고 넓게 생각할 수 있는 힘이 커질 것입니다.

이제 우리는 코딩을 모르면 안 되는 시대를 살아가야 합니다. 교과서에 있는 내용을 열심히 공부하고 넓고 깊게 생각하는 능력을 키운다면 우리는 스티브 잡스, 빌 게이츠, 마크 저커버그, 엘론 머스크가 될 수 있습니다.

열심히 공부하여 세상을 바꿔서, 역사를 새로 쓰는 멋진 사람이 되길 바랍니다.

코딩을 공부하고 싶은데 좋은 책을 찾지 못했나요? 코딩뿐만 아니라 다른 과목도 잘하고 싶나요? 그렇다면 이 책을 여러분에게 강력히 추천합니다.

아이폰을 만든 스티브 잡스는 '모든 국민이 코딩을 배워야 한다.'고 말했습니다. 그런데 많은 학부모께서 코딩만 공부하다가 다른 과목은 잘하지 못할 수 있다고 생각합니다. 그렇다면 교과서에서 배우는 내용과 코딩을 같이 공부해보는 것은 어떨까요?

이 책은 엔트리로 학교 교과목과 코딩을 한 번에 배우기 위해서 만들었습니다. 엔트리는 많은 학생이 코딩을 쉽고 재미있게 배울 수 있도록 만든 프로그램입니다. 엔트리는 MIT에서 만든 스크래치처럼 레고 블록을 쌓듯이 코딩을 합니다. 엔트리는 우리나라 학생이 더 쉽게 코딩을 할 수 있도록 만들어졌습니다. 스크래치에 없는 기능도 있고, 무엇보다 사용하기 매우 쉽습니다.

교과서에서 배우는 내용으로 코딩하면서 다양한 작품을 만들면 교과서에 있는 내용도 더 이해가 잘 되고, 코딩이 더욱 재미있게 느껴질 것입니다. 그리고 어려운 전문용어를 사용한 것이 아니라, 초등학교 1학년 학생도 이해할 수 있도록 쉽고 자세하게 설명했습니다. 그리고 그림을 보고 따라 하다 보면 누구나 쉽게 코딩을 배울 수 있습니다. 마치 흥미진진한 소설을 읽는 것처럼 재미있게 코딩을 공부할 수 있습니다. 또한, 중요한 내용은 여러 번 반복해서 설명하므로 이 책을 읽다 보면 많은 내용이 머릿속에 남게 될 것입니다.

이렇게 교과서와 코딩을 같이 공부하면 넓고 깊게 생각하는 힘이 커지게 됩니다. 그리고 소프트웨어와 다른 과목을 융합할 수 있는 힘도 생기게 됩니다. 생각하는 능력은

SCHOOL TEXTBOOK CODING
entry

매우 중요합니다. 문제를 발견하고 그 문제를 작게 나눠서 순서대로 해결하는 것, 이렇게 생각하는 능력을 컴퓨팅 사고력이라고 합니다. 그리고 넓고 깊게 생각하는 융합형 사고력도 중요합니다. 앞으로는 한 가지 과목만 잘하는 것이 아니라, 다른 과목도 골고루 잘하는 융합형 인재가 필요합니다. 이 책은 융합형 인재를 위한 최고의 교과서가 될 것입니다. 우리는 이 책을 통해서 생각하는 힘을 기르고 어려운 문제를 멋지게 해결하는 방법을 배울 것입니다.

2018년을 기준으로, 1학년에서 배우는 국어, 수학, 통합교과(바른 생활, 슬기로운 생활, 즐거운 생활)에서 학습 주제를 골랐습니다. 소설책을 읽는 것처럼 즐거운 마음으로 공부하면서 교과서 내용도 잘 알고, 코딩 실력도 쑥쑥 키우길 바랍니다. 그리고 각 장마다 배운 내용을 정리할 수 있는 문제를 냈고 스스로 배운 내용을 확인할 수 있도록 체크리스트도 넣었습니다.

책에 있는 내용을 따라 하다 보면 멋진 작품을 만들고 있는 자신을 발견하게 될 것입니다. 그리고 코딩공부를 더욱 쉽게 할 수 있도록 이 책에 나오는 모든 작품의 코드를 정리해 두었습니다.

공부하다가 이해가 잘 안 되는 부분이 있으면 토마토북 엔트리 홈페이지(https://playentry.org/tomatobook)에 들어가서 코드를 확인해 보세요.

또한 코딩을 더 쉽고 재미있게 공부할 수 있도록 카페에 많은 코딩 교육 자료도 준비했습니다. 토마토북 카페(http://cafe.naver.com/arduinofun)에 와서 많은 내용을 배워서 더 멋진 작품을 만들어 보세요.

차 례

Chapter 1 처음 만나는 엔트리

Chapter 2 국어

SCHOOL TEXTBOOK CODING
entry

Chapter 3 통합교과

Chapter

1

처음 만나는 엔트리

소프트웨어로 배우는

1 안녕? 엔트리!

엔트리봇은 학교가 끝나고 스마트폰으로 친구에게 전화를 했습니다. 오늘 숙제가 무엇인지 궁금했습니다. 숙제는 우리 학교 주위에 있는 도서관의 위치를 조사하는 것입니다.

엔트리봇은 집에 돌아와서 컴퓨터를 켰습니다. 그리고 인터넷에 들어가서 검색하니 우리 학교 주위에 도서관이 3개가 있다는 것을 알았습니다. 엔트리봇은 집에서 가장 가까운 도서관이 어디에 있는지도 알았습니다.

주말에 도서관에 가서 친구와 함께 재미있는 소설을 읽을 생각을 하니 기분이 좋아졌습니다.

오늘 스마트폰으로 무엇을 했나요? 친구와 통화를 했나요? 아니면 예쁜 사진을 찍었나요?

만약 컴퓨터가 없어진다면 어떻게 될까요? 우리가 흔히 볼 수 있는 스마트폰을 쓸 수 없습니다. 스마트폰 같은 기계는 컴퓨터로 만들어지기 때문이죠. 여러분이 좋아하는 유튜브도 볼 수 없고 재미있는 게임도 할 수 없습니다.

그뿐만 아니라 엘리베이터나 자동문, 전기밥솥, 세탁기도 사용할 수 없습니다. 그리고 은행, 지하철, 공항도 마비될 것입니다. 컴퓨터는 우리 세상에 없어서는 안 될 소중한 발명품입니다. 우리는 매일매일 컴퓨터를 사용합니다.

우리가 컴퓨터를 다양한 방법으로 사용할 수 있는 것은 바로 컴퓨터를 움직이게 하는 소프트웨어가 있기 때문입니다. 세상은 이제 소프트웨어가 없으면 돌아가지 않습니다. 소프트웨어를 만드는 것을 코딩이라고 합니다. 코딩은 컴퓨터에게 어떤 일을 시키는 거죠. 코딩을 배우면 생각하는 능력을 키울 수 있습니다. 그리고 컴퓨터의 힘을 이용해서 멋지게 문제를 해결할 수 있습니다.

우리가 코딩하는 법을 배우면 우리를 불편하게 하는 많은 문제를 해결하고 세상을 더 멋지게 만들 수 있습니다.

단순히 코딩만 배우는 것이 아니라, 다른 과목과 함께 코딩을 공부하는 것이 중요합니다. 요즘은 융합 시대라고 합니다. 한 가지 과목만 잘한다고 복잡한 문제를 해결할 수 없습니다. 국어, 수학, 즐거운 생활, 바른 생활, 슬기로운 생활 등 다양한 과목에 나오는, 다양한 내용을 알고 있어야 합니다. 이 책을 보면서 다양한 과목과 함께 코딩을 공부하다보면 생각하는 힘이 키워질 것입니다.

미국에는 MIT라는 정말 유명한 대학교가 있습니다. 이 대학교의 미디어랩이라는 연구실에서 많은 사람들이 고민했습니다.
'어떻게 하면 사람들이 쉽게 코딩을 할 수 있을까?'
그렇게 많은 고민을 하면서 연구를 하고, 서로 힘을 합쳐 프로그램을 만들었습니다. 그게 바로 스크래치입니다. 처음 배우는 사람도 쉽게 코딩을 배울 수 있도록 스크래치를 만든 것입니다.
컴퓨터에게 시키는 일들을 레고와 같은 블록으로 만들었습니다. 마치 레고 블록을 쌓듯이, 순서대로 명령어 블록을 잘 연결하면 컴퓨터에 일을 시킬 수 있습니다.
엔트리도 많은 학생이 코딩을 쉽고 재미있게 배울 수 있도록 만든 프로그램입니다. 스크래치처럼 레고 블록을 쌓듯이 코딩을 하면 됩니다.

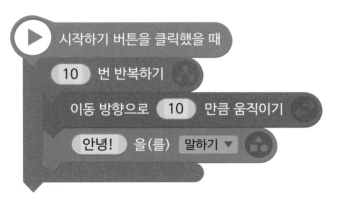

〈그림 1-1〉 엔트리 코딩

엔트리는 우리나라 학생이 보다 쉽게 코딩을 할 수 있도록 만들어졌습니다.

스크래치에 없는 기능도 있고, 무엇보다 사용하기가 매우 쉽습니다. 이 엔트리로 여러분의 코딩 실력을 쑥쑥 키워볼까요?

2 처음 만나는 엔트리

우선 코딩을 배우기 전에 컴퓨터를 켜고 끄는 방법과 마우스와 키보드를 사용하는 방법을 배워야 합니다.

컴퓨터를 잘 살펴보면 그림 2-1과 같이 생긴 버튼이 보입니다. 이것을 '전원 버튼'이라고 합니다. 이것을 손가락으로 꾹 누르면 컴퓨터가 켜집니다.

〈그림 2-1〉 전원 버튼

컴퓨터를 직접 켜볼까요?

전원 버튼을 누르고 시간이 좀 지나면 모니터 화면에 여러 가지 작은 그림이 나옵니다. 이것을 '아이콘'이라고 합니다.

〈그림 2-2〉 여러 가지 아이콘

그러면 컴퓨터에게 어떻게 일을 시킬까요? 컴퓨터에게 '인터넷에 들어가서 검색을 해.'라고 말하면 컴퓨터가 인터넷에서 검색을 하나요?

컴퓨터에게 일을 시키기 위해서는 마우스와 키보드가 필요합니다.

마우스(Mouse)는 쥐처럼 생긴 작은 컴퓨터 장치를 말합니다.

〈그림 2-3〉 마우스

마우스를 보면 왼쪽과 오른쪽에 누를 수 있는 버튼 같은 것이 있습니다.

왼쪽이나 오른쪽 버튼을 누르는 것을 '클릭'이라고 합니다. 그리고 빠르게 두 번 클릭하는 것을 '더블 클릭'이라고 합니다. 더블(Double)은 영어로 '2번'이라는 뜻입니다.

그리고 키보드로도 컴퓨터에 일을 시킬 수 있습니다.

그림 2-4가 키보드입니다. 키보드에는 여러 가지 글자 버튼과 어떤 일을 시킬 수 있는 버튼이 있습니다. 한글도 있고, 영어도 있고, 숫자도 있습니다. 그리고 여러분이 처음 보는 모양이 있을 수도 있습니다.

이 버튼 하나하나를 키(Key)라고 합니다. 이런 키가 여러 개 모여서 만들어졌다고 해서 '키보드'라고 부릅니다.

이 마우스와 키보드를 사용하면 엔트리로 멋지게 코딩을 할 수 있습니다.

〈그림 2-4〉 키보드

엔트리로 코딩을 다하고 컴퓨터를 꺼야 하는데 어떻게 하면 될까요?

컴퓨터 모니터 왼쪽 아래에 있는 윈도우 아이콘을 클릭해야 합니다.

그러면 〈시스템 종료〉라는 메뉴가 나오는데 이것을 클릭하면 컴퓨터가 꺼집니다. '종료'는 '그만한다'라는 뜻입니다.

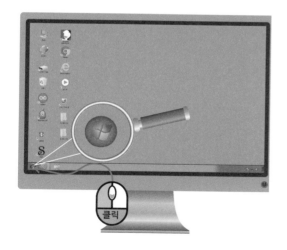

〈그림 2-5〉 윈도우 버튼

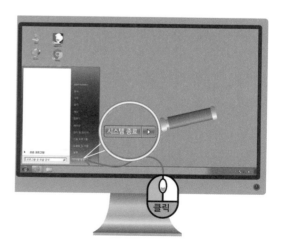

〈그림 2-6〉 시스템 종료

이제 엔트리로 코딩을 하기 위한 준비 운동이 끝났습니다. 엔트리와 함께 하는 코딩 여행을 떠나볼까요?

우선 엔트리 사이트에 들어가야 합니다. 인터넷은 전 세계 많은 사람의 컴퓨터를 서로 연결해줍니다. 인터넷이 있어서 한국에 있는 영수가 미국에 있는 제니퍼에게 메일을 보내고 이야기를 주고받을 수 있는 것입니다. 우리가 스마트폰에서 검색을 하고 유튜브로 재미있는 동영상을 보는 것도 모두 다 인터넷 덕분입니다.

이런 인터넷에 들어갈 수 있는 문은 여러 개가 있습니다. 이 문을 웹브라우저라고 합니다. 그림 2-7에 보이는 아이콘도 웹브라우저 중 하나로 '익스플로러'라고 합니다.

〈그림 2-7〉 익스플로러 아이콘

하지만 엔트리는 익스플로러보다는 '크롬'이라는 웹브라우저를 사용하는 것이 더 좋습니다. 이것을 '최적화되었다'라고 합니다. 축구할 때 그냥 운동화를 신어도 좋지만 축구화를 신으면 더 좋은 것과 같습니다. 이것을 아래 문장처럼 표현할 수 있습니다.

'축구화는 축구에 최적화되었다.'

컴퓨터에 크롬이 설치 안 된 경우가 있습니다. 그럼 크롬을 설치하는 법을 배워볼까요?

인터넷 검색창에 '크롬'이라고 키보드로 치고 〈돋보기 아이콘〉을 클릭하거나 〈엔터키 (Enter)〉를 누릅니다.

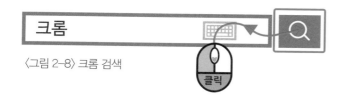

〈그림 2-8〉 크롬 검색

그럼 그림 2-9와 같은 화면이 나옵니다. 〈구글 크롬〉을 클릭합니다.

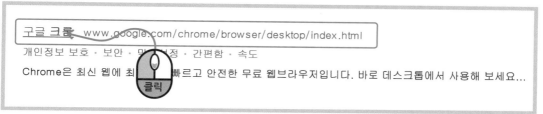

구글 크롬 www.google.com/chrome/browser/desktop/index.html

개인정보 보호 · 보안 · 맞춤 설정 · 간편함 · 속도

Chrome은 최신 웹에 최적화된 빠르고 안전한 무료 웹브라우저입니다. 바로 데스크톱에서 사용해 보세요...

〈그림 2-9〉 구글 크롬 클릭

인터넷에서 프로그램이나 사진, 파일 등을 자신의 컴퓨터로 가져오는 것을 '다운로드'라고 합니다. 인터넷을 구름이라고 생각하고 자신의 컴퓨터는 아래에 있다고 생각해 봅시다. 인터넷에 있는 것을 아래에 있는 자신의 컴퓨터로 가져온다고 생각하면 됩니다. 다운로드에서 '다운(Down)'은 '아래'를 뜻합니다.

〈그림 2-10〉 다운로드

프로그램을 설치할 때 영어나 어려운 말이 나오는데 걱정할 필요 없습니다. 실행, 확인, 동의(Accept), 다음(Next), OK, 설치(Install)라는 단어가 나오는 버튼을 계속 클릭하면 설치가 됩니다.

프로그램은 컴퓨터에서 어떤 일을 할 수 있게 도와주는 것을 말합니다. 컴퓨터에서 하는 게임도 프로그램이고, 인터넷에 들어가게 도와주는 웹브라우저도 프로그램입니다.

크롬 다운로드 버튼을 누르니(Chrome 다운로드) 그림 2-12와 같은 화면이 나옵니다. 〈동의 및 설치〉를 누르면 되겠죠?

〈그림 2-11〉 Chrome 다운로드 클릭

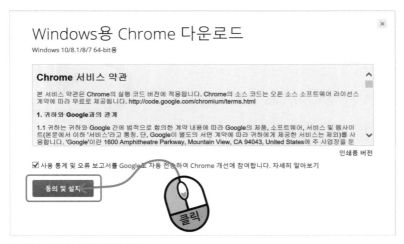

〈그림 2-12〉 동의 및 설치 클릭

다운로드가 다 끝나면 그림2-13과 같은 화면이 나옵니다.

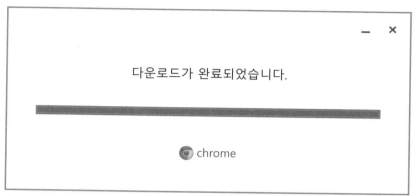

〈그림 2-13〉 다운로드 완료

그러면 바탕화면에 그림 2-14와 같은 아이콘이 생깁니다.

마우스 왼쪽 버튼으로 이 아이콘을 빠르게 두 번 클릭(더블 클릭)합니다.

〈그림 2-14〉 크롬 아이콘

이제 엔트리에 들어가 볼까요?

직접 주소창에 www.playentry.org라고 치고 들어가도 되지만, 영어로 타자를 치는 것이 익숙하지 않으면 그림 2–15처럼 '엔트리'라고 검색을 해도 됩니다.

아래 그림에서 빨간색으로 표시한 곳에 들어갑니다.

〈그림 2–15〉 엔트리 검색

엔트리에 들어가서 〈회원가입〉을 클릭합니다. 회원가입을 하면 여러분이 만든 작품이 인터넷에 저장됩니다. 그래서 인터넷과 컴퓨터만 있으면 여러분의 작품을 여러분이 원하는 곳에서, 원하는 시간에 보고 다시 만들 수 있습니다.

〈그림 2–16〉 회원가입

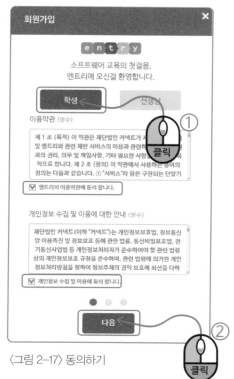

〈그림 2-17〉 동의하기

〈학생〉을 클릭하고 〈~동의합니다〉 앞에 있는 네모 칸을 마우스로 클릭해서 ∨표시가 나오게 합니다. ∨표시가 나오면 동의했다는 뜻입니다.

'동의'는 '그렇게 해도 된다'는 뜻입니다.

다 동의를 하고 〈다음〉을 클릭합니다.

〈그림 2-18〉 아이디/비밀번호 넣기

아이디는 엔트리에서 여러분이 사용하는 이름과 같습니다. 엔트리에서는 똑같은 아이디를 사용할 수 없습니다. 영어와 숫자를 잘 섞어서 자신만의 아이디를 만듭니다.(예: tomatobook1004) 아이디를 만들 때 글자 수가 4개보다 같거나 많아야 합니다. 그리고 20글자보다 같거나 적어야 합니다.

그리고 비밀번호도 숫자와 영어를 섞어서 글자 수가 5개보다 같거나 많도록 만들어야 합니다. 이 비밀번호를 잊어버리지 않게 조심해야 합니다. 여러분이 쓰는 공책에 아이디와 비밀번호를 잘 적어둬야 합니다. 다 되면 〈다음〉을 클릭합니다.

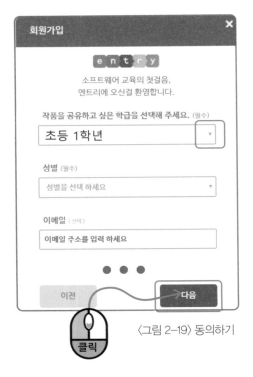

〈그림 2-19〉 동의하기

‘초등 1학년’이라는 글자 옆에 세모(▼)표시가 보이나요? 이 표시는 고를 수 있는 것이 더 있다는 뜻입니다. 이곳을 클릭하고 자신의 학년을 클릭합니다. 이 책은 초등학교 1학년 학생을 위해 썼기 때문에 이 책에서는 ‘초등 1학년’을 골랐습니다.

그리고 남자면 남성을, 여자면 여성을 선택합니다. 세모(▼)표시를 보니 고를 수 있는 것이 더 있다는 것을 알 수 있겠죠?

이메일은 써도 되고 안 써도 됩니다. 이메일이 있으면 나중에 비밀번호를 잊어버렸을 때 비밀번호를 다시 찾을 수 있습니다. 엔트리에 비밀번호를 잊어버렸다고 하면 자신의 이메일로 비밀번호를 보내줍니다. 다 썼으면 〈다음〉을 클릭합니다.

그러면 아래 그림 2-20과 같은 화면이 나옵니다. 〈확인〉을 누르면 이제 엔트리 회원이 된 것입니다.

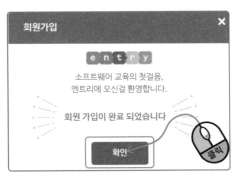

〈그림 2-20〉 회원가입 완성

아이디와 비밀번호를 키보드로 치고 회원으로 엔트리에 들어가는 것을 '로그인'이라고 합니다. 로그인을 해야 만든 작품을 저장할 수 있습니다.

엔트리를 보면 다양한 메뉴가 있습니다.
〈만들기〉-〈작품 만들기〉를 순서대로 클릭하면 엔트리로 코딩을 할 수 있는 화면이 나옵니다.

e n t r y	학습하기	만들기	공유하기	커뮤니티
엔트리는?	엔트리 학습하기	작품 만들기	작품 공유하기	글 나누기
자주하는 질문	교육 자료	교과용 만들기 (실패)	학급 하기	학급 글 나누기
다운로드	오픈 강의	오픈 강의 만들기	클릭	
	우리 반 학습하기	학급 만들기		

〈그림 2-21〉 〈작품 만들기〉 클릭

그럼 인터넷이 안 되면 엔트리를 할 수 없는 것일까요? 그렇지 않습니다. 컴퓨터에 직접 엔트리 프로그램을 설치하면 인터넷이 없어도 엔트리를 할 수 있습니다.
〈다운로드〉를 클릭합니다. 앞에서 봤듯이 다운로드는 인터넷에서 프로그램이나 사진 등을 자신의 컴퓨터로 가져오는 것을 말합니다.

e n t r y	학습하기	만들기	공유하기	커뮤니티
엔트리는?	엔트리 학습하기	작품 만들기	작품 공유하기	글 나누기
자주하는 질문	교육 자료	교과용 만들기 (실패)	학급 공유하기	학급 글 나누기
다운로드	오픈 강의	오픈 강의 만들기		
	우리 반 학습하기	학급 만들기	클릭	

〈그림 2-22〉 다운로드 클릭

그러면 〈32bit 다운로드〉와 〈64bit 다운로드〉, 〈Mac 다운로드〉 버튼이 나옵니다.

컴퓨터마다 운영체제가 다릅니다. 운영체제는 축구팀의 감독과 비슷합니다. 축구감독처럼 컴퓨터를 어떻게 사용할지 정해주는 역할을 합니다.

32bit(비트)와 64bit(비트)는 처리하는 자료의 양을 말합니다. 쉽게 말하면 32bit(비트)는 명령을 32개씩 처리한다고 생각하면 됩니다. 64bit(비트)는 명령을 64개씩 처리하는 것입니다. 64bit(비트)가 더 많은 명령을 이해하고 일을 한다고 생각하면 됩니다.

〈그림 2-23〉 프로그램 종류

폴더나 바탕화면을 잘 살펴보면 컴퓨터 모양의 아이콘이 보입니다.

그리고 '내 컴퓨터' 또는 '컴퓨터'라고 이름이 쓰여 있습니다. 이 아이콘에 마우스를 갖다 대고 오른쪽 버튼을 누르면 다양한 메뉴가 나옵니다. 여기에서 〈속성〉을 클릭합니다.

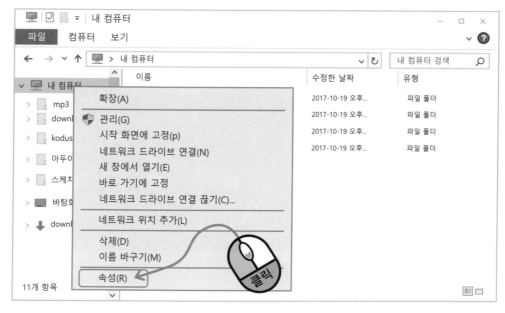

〈그림 2-24〉 속성 클릭

그리고 화면을 잘 찾아보면 시스템 종류가 나옵니다. 이 컴퓨터는 64비트(bit) 운영 체제를 사용합니다. 즉 명령을 64개씩 처리하는 감독이 컴퓨터에 있는 것이죠.

시스템	
프로세서:	Intel(R) Core(TM) i30-4150 CPU @ 3.50GHz 3.50GHz
설치된 메모리(RAM):	16.0GB(15.9GB 사용 가능)
시스템 종류:	64비트 운영 체제, x64 기반 프로세서
펜 및 터치:	이 디스플레이에 사용할 수 있는 펜 또는 터치식 입력이 없습니다.

〈그림 2-25〉 시스템 종류

그래서 〈Windows 64bit 다운로드〉를 클릭합니다.

〈그림 2-26〉 운영체제에 맞는 프로그램 다운로드

그리고 바탕화면에 설치 프로그램을 다운 받습니다.

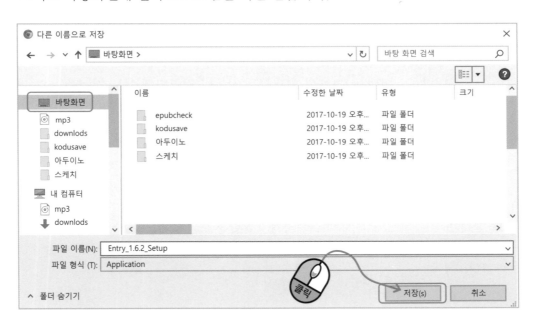

〈그림 2-27〉 바탕화면에 프로그램 다운로드

바탕화면에 있는 설치 프로그램을 마우스 왼쪽 버튼으로 빠르게 두 번 클릭해서 설치합니다. 실행, 확인, 동의(Accept), 다음(Next), OK, 설치(Install)라는 단어가 나오는

버튼을 계속 클릭하면 프로그램이 설치됩니다.

〈다음〉을 클릭합니다.

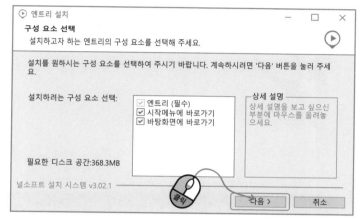

〈그림 2–28〉〈다음〉 클릭

〈설치〉를 클릭합니다.

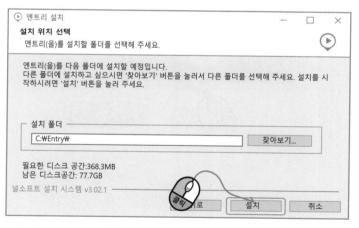

〈그림 2–29〉〈설치〉 클릭

설치가 끝나면 엔트리 아이콘이 나옵니다. 이 아이콘을 더블 클릭하면 엔트리 프로그램이 시작됩니다.

〈그림 2–30〉 엔트리 아이콘

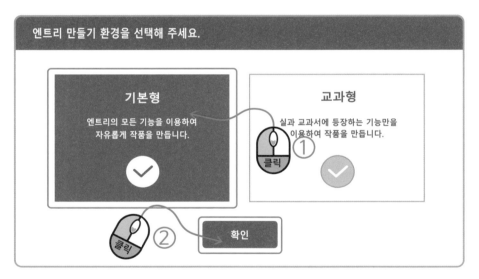

〈그림 2–31〉 기본형 선택

이제 엔트리 화면에 대해 살펴볼까요?

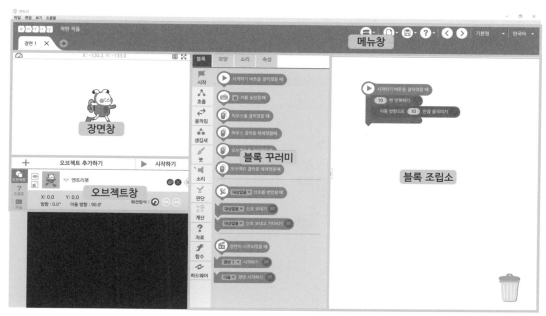

〈그림 2-32〉 엔트리 화면

그림 2-33은 〈메뉴 창〉입니다. 엔트리 새로 만들기, 저장하기, 장면을 더 넣기 등 여러 가지 작업을 할 수 있습니다.

〈그림 2-33〉 메뉴 창

그림 2-34는 〈장면 창〉입니다. 코딩을 한 결과를 확인할 수 있습니다. 연극의 무대와 비슷합니다.

〈그림 2-34〉 장면 창

그림 2-35는 〈오브젝트 창〉입니다. 오브젝트는 〈장면 창〉에 들어가는 사람, 동물, 물건 등을 말합니다. 쉽게 생각하면 〈장면 창〉에 들어가는 모든 것을 오브젝트라고 생각하면 됩니다. 드라마에 나오는 배우(또는 물건)와 비슷합니다. 우리는 이 배우(또는 물건)에게 코딩을 해서 명령을 합니다. 감독이 배우(또는 물건)에게 어떤 일을 시키듯이 오브젝트에게 명령을 하는 거죠.

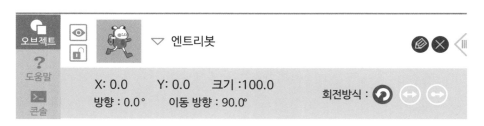

〈그림 2-35〉 오브젝트 창

그림 2-36은 〈블록 꾸러미〉입니다. 프로그램을 만드는 데 사용하는 명령어 블록을 모아놓은 곳입니다. 명령어 블록은 오브젝트에게 어떤 일을 시키는 것입니다.

다양한 명령어 블록이 있는데 비슷한 것끼리 모아서 색깔로 구분했습니다.

개구리, 참새, 강아지를 동물로, 소나무, 민들레, 강아지풀을 식물로 나눈 것과 같습니다. 예를 들어 움직이는 것과 관계 있는 명령어 블록은 모두 보라색입니다. 그리고 이런 명령어는 모두 〈움직임〉 명령어 블록 모음에서 찾을 수 있습니다.

〈움직임〉 명령어 블록 ⇄ 움직임 모음을 보면 돌기, 이동하기, 움직이기 등 모두 움직이는 것과 관계있는 것을 알 수 있습니다. 그래서 코딩을 할 때 원하는 명령어가 어디 있을 것 같다고 생각하면서 명령어를 찾으면 조금 더 쉽게 코딩을 할 수 있습니다.

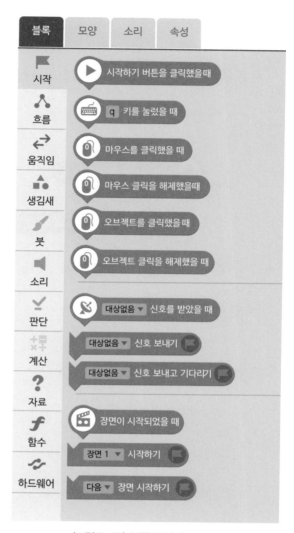

〈그림 2-36〉 블록 꾸러미

블록 명령어의 종류는 시작, 흐름, 움직임, 생김새, 붓, 소리, 판단, 계산, 자료, 함수, 하드웨어가 있습니다. 이것을 다 알아야 코딩을 할 수 있는 것은 아니니 너무 걱정할 필요가 없습니다. 직접 코딩하면서 명령어를 하나씩 사용하다 보면 자연스럽게 이해가 될 것입니다.

그림 2-37은 〈블록 조립소〉입니다. '조립'은 '여러 개를 모아서 하나로 맞춘다'는 뜻입니다. 즉 〈블록 조립소〉는 〈블록 꾸러미〉에서 명령어 블록을 가지고 와서 그것을 레고처럼 끼워 맞춰서 프로그램을 만드는 곳입니다.

〈그림 2-37〉 블록 조립소

이제 코딩을 배워 보겠습니다. 코딩을 할 때 반드시 순서, 반복, 조건, 함수 그리고 변수를 알아야 합니다.

책에 있는 내용을 따라하면서 하나씩 차근차근 공부해 봅시다.

엔트리로 코딩할 때 다음 규칙을 반드시 기억해야 합니다. 이 규칙을 잘 알아두면 더 쉽게 코딩을 할 수 있습니다.

코딩 규칙

1. 명령어 블록은 외우지 말고 색깔로 찾는다.
2. 무엇인가 하고 싶을 때 마우스 오른쪽 버튼을 누른다.
3. 노란색 칸에 무엇인가 쓰거나 넣을 수 있다.
4. 내가 코딩하고 싶은 오브젝트를 클릭하고 코딩을 한다.
5. 세모 표시(▼)는 고를 수 있는 것이 여러 개 있다는 뜻이다.
6. 단축키는 외워서 사용한다.
7. 문제는 나눠서 생각한다.

이 규칙을 잘 생각하면서 코딩을 해봅시다.

이 책을 즐겁게 읽다보면 규칙이 머릿속에 생생하게 기억이 날 것입니다.

그림 2-38과 같이 〈장면 창〉에 엔트리봇 오브젝트가 있고, 〈블록 조립소〉에는 미리 연결한 명령어 블록들이 있습니다.

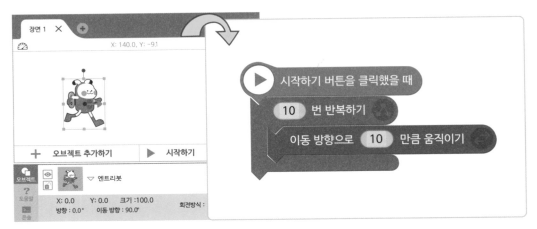

〈그림 2-38〉 〈장면 창〉과 〈조립소〉

어떤 뜻일까요? 〈시작하기〉를 눌러 보겠습니다.

〈그림 2-39〉 〈시작하기〉 클릭

엔트리봇이 앞으로 움직입니다. 그림 2-40의 명령어가 어떤 뜻인지 알 수 있겠죠?

〈그림 2-40〉 움직이는 엔트리봇

그리고 빨간색 표시된 곳을 마우스 왼쪽 버튼을 클릭한 채로 움직이면 〈장면 창〉의 크기를 바꿀 수 있습니다.

이렇게 마우스 왼쪽 버튼을 클릭한 채로 움직이는 것을 '드래그'라고 합니다.

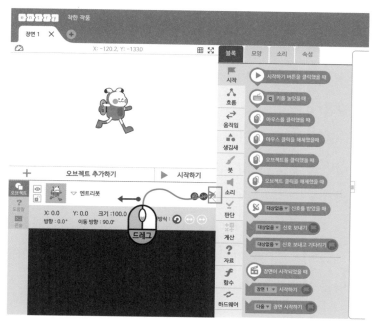

〈그림 2-41〉 〈장면 창〉 크기 바꾸기

같은 방법으로 〈블록 꾸러미〉의 크기도 바꿀 수 있습니다.

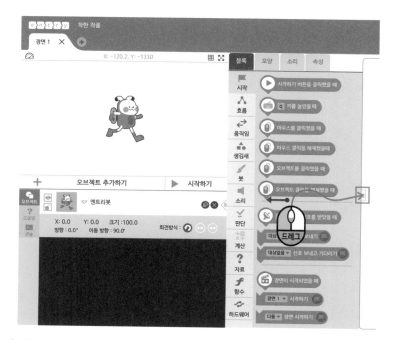

〈그림 2-42〉 〈블록 꾸러미〉 크기 바꾸기

엔트리는 명령어 블록으로 코딩한 것을 위에서부터 아래로 하나씩 실행합니다.

여기서 순서에 대해서 알아보겠습니다. 순서는 '컴퓨터에 일을 차례대로 시키는 것'을 말합니다.

예를 들어 라면을 끓일 때를 생각해 봅시다. 먼저 물을 넣고 불을 켜고, 물이 끓으면 라면을 넣죠? 만약 라면을 넣고 불을 켜다가 물을 넣으면 어떻게 될까요? 이상한 라면이 되겠죠?

이렇게 일을 차례대로 하는 것을 순서라고 합니다.

코딩을 할 때 가장 중요한 것이 순서입니다. 명령어를 순서대로 연결할 수 있어야 코딩을 제대로 할 수 있습니다.

엔트리봇이 말을 하는 프로그램을 만들어 보겠습니다.

그림 2-43처럼 명령어를 〈블록 꾸러미〉에 드래그(마우스 버튼을 누른 채로 움직이는 것)하여 옮기면 삭제가 됩니다.

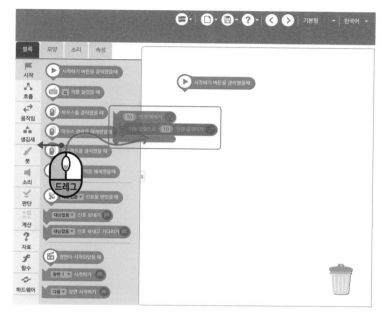

〈그림 2-43〉 코딩한 것 지우기

또는 〈블록 조립소〉 오른쪽 아래에 있는 휴지통으로 옮겨도 지워집니다.

또는 〈Delete〉 키를 눌러서 지울 수도 있습니다. '딜리트(Delete)'는 '지운다'는 뜻입니다.

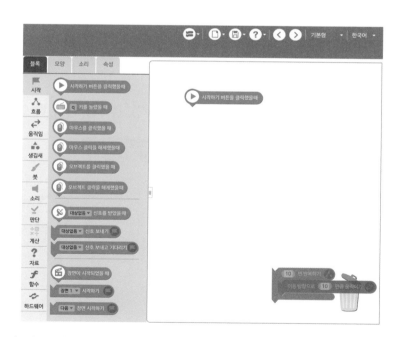

〈그림 2-44〉 휴지통에 지우기

그림 2–45와 같이 코딩을 하고 〈시작하기〉 버튼을 눌러 볼까요? 〈말하기〉 블록 명

령어는 빨간색이니 〈생김새〉 블록 꾸러미 에서 찾을 수 있습니다.

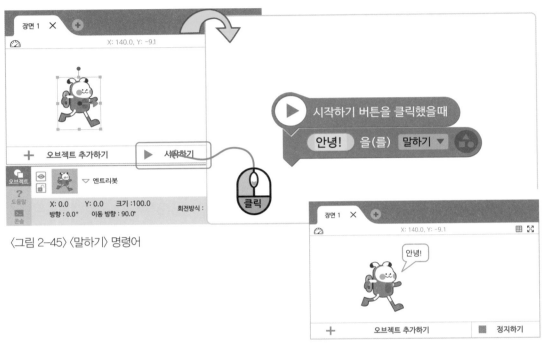

〈그림 2–45〉 〈말하기〉 명령어

〈그림 2–46〉 '안녕!'이라고 말하기

이름도 말하고 싶습니다. 〈말하기〉 블록을 하나 더 연결합니다.

〈그림 2–47〉 〈말하기〉 블록 하나 더 연결

여기서 엔트리 코딩을 할 때 규칙을 하나 배워봅시다.

코딩 규칙

노란색 칸에 무엇인가 쓰거나 넣을 수 있다.

이 규칙에 따라서 노란색 칸에 아래와 같이 문장을 쓸 수 있습니다.
'내 이름은 엔트리봇이야.'라고 씁니다.

〈그림 2-48〉 노란색 칸에 글쓰기

〈그림 2-49〉 '내 이름은 엔트리봇이야.'라고 말하기

그런데 엔트리봇이 '안녕!'이라고 말하지 않습니다. 왜 그럴까요? 컴퓨터는 너무 빨리 일을 하기 때문입니다. '안녕'이라고 말하자마자 바로 '내 이름은 엔트리봇이야'라고 말하니까 '안녕'은 말하지 않은 것처럼 보입니다. 그럼 어떻게 하면 될까요?

〈기다리기〉 명령어를 사용하면 쉽게 문제를 해결할 수 있습니다.

〈그림 2–50〉 〈기다리기〉 명령어 가져 오기

그림 2–51과 같이 〈2초 기다리기〉 명령어를 〈말하기〉 블록 사이에 끼워 연결합니다. 〈2초 기다리기〉 명령어는 파란색입니다. 〈흐름〉 블록 꾸러미 ⚒ 에서 찾을 수 있겠죠?

〈그림 2–51〉 〈2초 기다리기〉 명령어 끼워 넣기

가끔씩 그림 2-52처럼 코딩을 하는 경우가 있습니다. 이렇게 코딩을 하면 어떻게 될까요?

엔트리는 연결된 명령어를 위에서 아래로 하나씩 실행합니다. 그래서 '안녕'이라고만 말을 합니다. 그 아래 연결된 명령어가 없기 때문이죠.

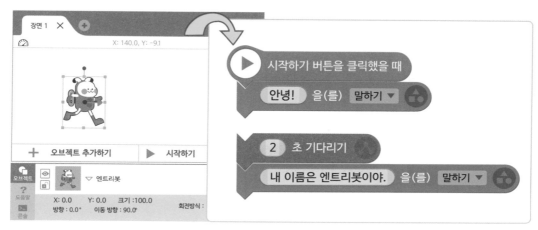

〈그림 2-52〉 많이 하는 실수

그리고 〈도움말〉 기능을 잘 사용하면 코딩을 쉽게 할 수 있습니다.

블록을 클릭하면 블록에 대한 설명이 나타납니다

〈그림 2-53〉 〈도움말〉

〈도움말〉을 클릭하고 자세히 알고 싶은 명령어 블록을 클릭하면 그림 2-54와 같이 그 명령어에 대한 설명이 나옵니다.

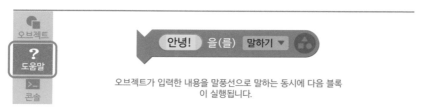

오브젝트가 입력한 내용을 말풍선으로 말하는 동시에 다음 블록이 실행됩니다.

〈그림 2-54〉 〈도움말〉 기능 사용

이 명령어를 다른 말로 '코드'라고도 합니다. 이 명령어(코드)를 똑같이 복사해서 사용할 수 있습니다. 〈복사하기와 붙여넣기〉 기능을 사용하면 코딩을 더욱 빠르고 쉽게 할 수 있습니다.

복사하고 싶은 명령어에 마우스를 대고 마우스 오른쪽 버튼을 누르면 여러 가지 메뉴가 나옵니다. 〈코드 복사 & 붙여넣기〉를 클릭하면 똑같은 명령어가 하나 더 생깁니다.

엔트리 코딩 규칙을 하나 더 배워보겠습니다.

코딩 규칙

무엇인가 하고 싶을 때 마우스 오른쪽 버튼을 누른다.

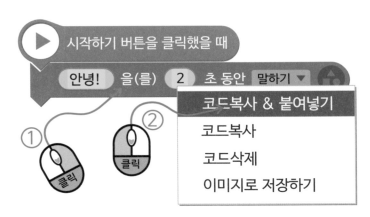

〈그림 2-55〉 마우스 오른쪽 버튼 클릭

그 복사한 명령어를 아래에 붙여서 그림 2-56과 같이 코딩을 합니다.
그러면 〈기다리기〉 명령어를 사용하지 않아도 됩니다.

〈그림 2-56〉 코드를 복사해서 사용하기

도움말 기능을 이용해서 이 블록에 대해서 자세히 알아봅시다.

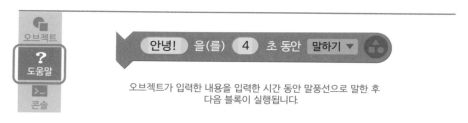

오브젝트가 입력한 내용을 입력한 시간 동안 말풍선으로 말한 후
다음 블록이 실행됩니다.

〈그림 2-57〉 블록 명령어 알아보기

그럼 자신의 이름을 말하는 프로그램을 한 번 저장해 볼까요?
우선 〈메뉴 창〉 왼쪽 위에 그림 2-58과 같이 작품의 제목을 씁니다.

〈그림 2-58〉 제목 쓰기

엔트리 오른쪽 위를 보면 그림 2-59와 같은 아이콘이 보입니다. 이 아이콘은 디스켓을 나타냅니다. 실제 모습은 그림 2-60과 같습니다. 과거에는 이 디스켓에 컴퓨터에서 만든 여러 가지 내용을 저장했지만, 이제는 잘 쓰지 않습니다.

〈그림 2-59〉 디스켓 아이콘   〈그림 2-60〉 디스켓 실제 모습

디스켓 아이콘은 '지금까지 만든 것을 저장한다'는 뜻입니다. 이 디스켓 아이콘을 누르면 그림 2-61과 같이 〈저장하기〉 메뉴가 나옵니다. 이것을 클릭하면 지금까지 만든 작품을 인터넷에 저장할 수 있습니다.

〈그림 2-61〉 저장하기

다른 프로그램에서도 이 디스켓 아이콘을 클릭하면 지금까지 만든 것이 저장됩니다.

처음 화면으로 돌아가서 〈마이 페이지〉 클릭하면 자신이 만든 작품을 볼 수 있습니다.

e n t r y	학습하기	만들기	공유하기	커뮤니티	로그아웃
엔트리는 ? 자주하는 질문 다운로드	엔트리 학습하기 교육 자료 오픈 강의	작품 만들기 교과용 만들기(실과)	작품 공유하기	글 나누기	마이 페이지 내 정보 수정 나의 학급

〈그림 2-62〉 마이페이지

자신이 만든 작품을 클릭하면 그림 2-63과 같은 화면이 나옵니다.

〈코드보기〉를 클릭하면 내가 코딩한 것을 볼 수 있습니다. 그리고 코딩한 것을 바꿀 수도 있습니다.

〈그림 2-63〉 코드보기

그리고 그림 2-64와 같은 화면이 나오는 경우가 있습니다.

마찬가지로 〈코드보기〉를 클릭하면 코딩한 것을 볼 수 있고 자신이 원하는 대로 바꿀 수도 있습니다.

〈그림 2-64〉 코드보기

배운 내용을 정리해요.

엔트리봇이 오른쪽으로 50만큼 움직이고 '안녕!'이라고 말하고, '내 이름은 엔트리봇이야.'라고 말하는 프로그램을 만들고 싶습니다.

다음 프로그램에서 <u>틀린</u> 부분을 찾아 동그라미 표시를 하고 그 이유를 쓰세요.

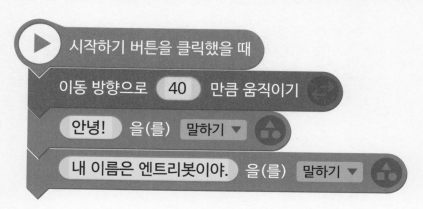

	스스로 평가해요.	확인
1	컴퓨터를 켜고 끌 수 있어요.	
2	자신의 이름을 말하는 프로그램 만들 수 있어요.	
3	엔트리에 들어가서 회원가입을 할 수 있어요.	
4	엔트리로 만든 작품을 저장할 수 있어요.	

답은 토마토북 카페(http://cafe.naver.com/arduinofun)에서 확인할 수 있습니다.

Chapter

2

국어

소프트웨어로 배우는

1 서로 인사를 해요

이제 서로 인사를 하는 프로그램을 만들어 보겠습니다. 〈메뉴 창〉에 있는 종이 모양의 아이콘을 클릭하면 여러 가지 메뉴가 나옵니다. 〈새로 만들기〉를 클릭합니다.

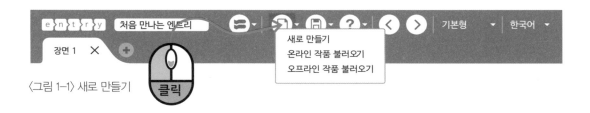

〈그림 1–1〉 새로 만들기

그러면 엔트리봇이 있는 새 프로그램이 시작됩니다.

여기에 다양한 오브젝트를 넣어 보겠습니다. 〈장면 창〉에 넣을 수 있는 모든 것을 '오브젝트'라고 합니다. 그림 1–2와 같이 〈오브젝트 추가하기〉를 클릭하면, 그림 1–3처럼 엔트리에 넣을 수 있는 오브젝트를 보여줍니다.

〈그림 1–2〉 오브젝트 추가하기

여기에서 여러분이 원하는 오브젝트를 프로그램에 넣을 수 있습니다.

원하는 오브젝트를 클릭하고 〈적용하기〉를 누르면 〈장면 창〉에 자신이 고른 오브젝트가 나옵니다.

〈그림 1-3〉 오브젝트 선택

원하는 그림을 사용할 수도 있습니다. 〈파일 업로드〉를 클릭합니다. 그리고 〈파일추가〉를 클릭하면 자신이 원하는 그림을 우리가 만드는 프로그램에 넣을 수 있습니다.

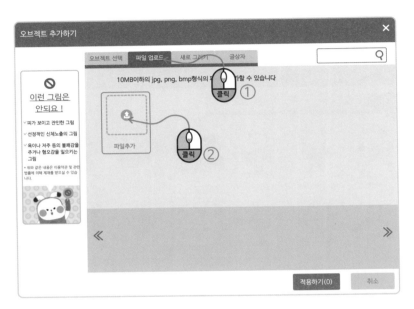

〈그림 1-4〉 파일 추가

인터넷에서 좋아하는 사진이나 캐릭터를 검색해서 넣을 수도 있습니다.

검색해서 나온 그림을 마우스 오른쪽 버튼으로 클릭(우클릭)하면 그림 1-5처럼 〈이미지를 다른 이름으로 저장〉이라는 메뉴가 나옵니다.

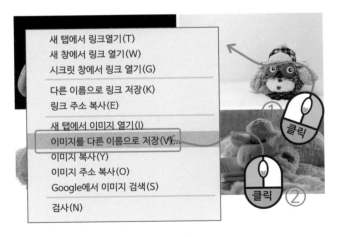

〈그림 1-5〉 이미지를 다른 이름으로 저장

엔트리 설치파일을 다운로드 했을 때와 같이 바탕화면을 선택하고 원하는 이름으로 저장합니다. 이 책에서는 〈내가 좋아하는 캐릭터〉라고 이름을 정했습니다.

〈그림 1-6〉 바탕화면에 저장

그림 1-7처럼 〈파일 업로드〉-〈파일추가〉를 순서대로 클릭하고 원하는 사진이나 그림을 가져옵니다. 이것을 '업로드'라고 합니다. 컴퓨터에서 인터넷으로 사진 등을 올리는 것이죠. '업(Up)'은 '위쪽'이라는 뜻입니다.

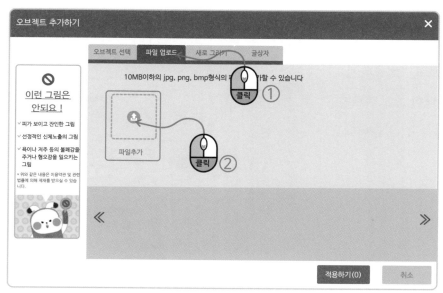

〈그림 1-7〉 파일 업로드

〈적용하기〉를 클릭하면 〈장면 창〉에 오브젝트가 나옵니다. 그런데 너무 큰 용량의 사진은 업로드 할 수 없습니다. 그림의 용량이 10메가바이트(MB)를 넘으면 안 됩니다.

사진 업로드가 잘 안 될 때는 사진 용량이 큰 경우가 많습니다. 그러니 용량이 작은 사진을 찾아서 업로드 해야 합니다. 용량은 쉽게 생각하면 몸무게와 같습니다. 너무 무거운 사진은 업로드하기 힘들겠죠?

〈그림 1-8〉 적용하기

그리고 한꺼번에 여러 개의 오브젝트를 고르고 〈적용하기〉를 클릭하면 선택한 오브젝트를 한 번에 모두 넣을 수 있습니다.

〈그림 1-9〉 여러 개 오브젝트 추가하기

오브젝트를 지울 수도 있습니다. 그림 1-10처럼 ×표시를 클릭하면 오브젝트가 지워집니다.

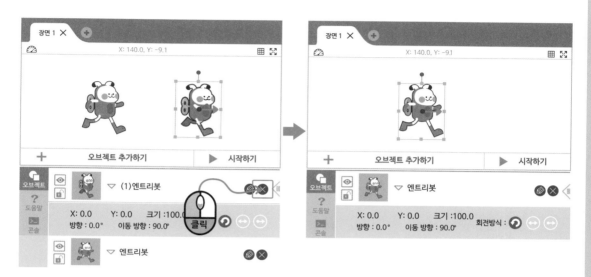

〈그림 1-10〉 오브젝트 지우기

'어린이(2)'와 이야기를 해볼까요? '어린이(2)'를 가져옵니다.

'어린이(2)'는 〈사람〉메뉴를 클릭해서 찾아봅니다.

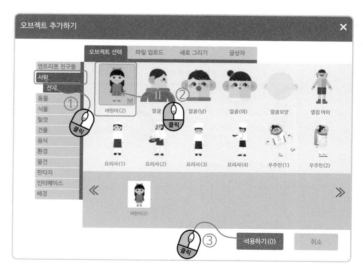

〈그림 1-11〉 어린이(2) 넣기

'어린이(2)'에게 이름을 지어 줍니다.

그림 1-12처럼 연필 모양을 선택하면 이름, 위치, 크기, 방향과 이동방향을 바꿀 수 있습니다.

〈그림 1-12〉〈수정〉 툴 선택

'수민'이라고 이름을 지어 볼까요?

〈그림 1-13〉 이름 바꾸기

〈그림 1-14〉〈장면 창〉 화면

먼저 엔트리봇이 이야기합니다. 엔트리봇은 처음 만나는 친구에게 '안녕!'이라고 말하고 자기 이름을 말합니다.

가운데 갈색 점은 옮기지 않습니다. 갈색점을 잘못 움직이면 나중에 생각하는 것처럼 잘 움직이지 않습니다.

그리고 마우스로 엔트리봇을 클릭을 하고 코딩을 해야 합니다.

여기서 엔트리로 코딩을 할 때 규칙을 하나 더 배워볼까요?

〈그림 1-15〉 엔트리봇 클릭하기

코딩 규칙

내가 코딩하고 싶은 오브젝트를 클릭하고 코딩을 한다.

그림 1-16처럼 코딩을 하면 됩니다.

문장의 맨 끝쪽을 보면 〈!〉나 〈.〉같은 것들이 보이나요? 이것들을 '문장부호'라고 합니다.

〈그림 1-16〉 〈말하기〉 명령어

그림 1-17을 보고

동물들이 노래를 합니다.

이렇게 말할 수 있겠죠? 이처럼 '단어가 모여
서 어떤 뜻을 전달하는 것'을 '문장'이라고 합니
다. 문장부호는 문장 뒤에서 문장의 뜻을 이해하
기 쉽도록 도와줍니다.

〈그림 1-17〉 노래하는 동물

〈!〉는 '느낌표'라고 합니다. 무엇인가를 강조하거나 느낌을 나타내고 싶을 때 사용합
니다. 〈.〉는 '마침표'라고 합니다. 어떤 것을 설명하는 문장 끝에 씁니다.

인사하는 프로그램을 만들 때는 문장부호를 잘 써야 합니다.

다른 문장부호의 종류와 쓰임도 한 번 정리해 볼까요?

쉼표 ,	오빠,	부르는 말 또는 대답하는 말 끝에 쓴다.
물음표 ?	어디냐?	묻는 문장 끝에 쓴다.

수민에게도 코딩을 해봅시다.

여기서 코딩을 쉽게 하는 방법을 배워보겠습니다.

엔트리봇에 한 명령어를 복사해서 조금만 바꾸면 쉽게 코딩을 할 수 있습니다.

〈그림 1-18〉 코드 복사

복사하고 싶은 명령어에 마우스를 대고 마우스 오른쪽 버튼을 클릭하면 여러 가지 메뉴가 나옵니다. 〈코드 복사〉를 하면 이 명령어가 복사됩니다.

엔트리 코딩 규칙을 한 번 더 정리하겠습니다. 규칙을 여러 번 보면 자연스럽게 이해가 될 것입니다.

코딩 규칙

무엇인가 하고 싶을 때 마우스 오른쪽 버튼을 누른다.

엔트리에서 〈코드 복사〉를 하면 고른
명령어부터 시작해서 아래에 연결된 명령
어가 모두 복사됩니다.

〈그림 1-19〉 수민 클릭

여러분 단축키를 아나요? 단축키는 어떤 일을 시킬 때 누르는 키를 말합니다.

키보드를 보면 Ctrl이라고 쓰인 키가 보이나요? 이 키와 영어 C(ㅊ) 키를 함께 누르
면 〈코드 복사〉가 됩니다.

이 단축키는 다른 프로그램에서도 똑같이 무엇인가 복사할 때 사용합니다.

엔트리 코딩 규칙을 하나 배워보겠습니다.

코딩 규칙

단축키는 외워서 사용한다.

수민이를 클릭하고 〈블록 조립소〉에서 마우스 오른쪽 버튼을 누르면 메뉴가 나옵니
다. 그리고 〈붙여넣기〉를 클릭하면 아까 복사했던 명령어가 그대로 〈블록 조립소〉에 나
오게 됩니다. 이것을 '붙여넣기'라고 합니다.

〈그림 1-20〉 붙여넣기

〈붙여넣기〉는 Ctrl 키와 V(ㅍ) 키를 같이 누릅니다.

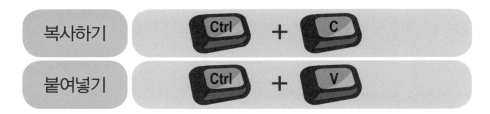

수민이도 인사를 하고 이름을 말하도록 코딩을 해보겠습니다.

〈그림 1-21〉 수민에게 코딩

그리고 〈시작하기〉를 클릭합니다. 그런데 우리가 생각하는 것과는 다릅니다.

엔트리봇이 먼저 말을 하고 수민이가 이어서 말을 해야 하는데 서로 동시에 말을 합니다.

〈그림 1-22〉 잘못된 코딩

어떻게 하면 문제를 해결할 수 있을까요?

엔트리봇이 4초 말을 합니다. 그러면 수민이는 4초를 기다리면 되겠죠?

수민이를 클릭하고 그림 1-23과 같이 코딩을 합니다.

〈그림 1-23〉 4초 기다리기

〈그림 1-24〉 서로 인사하기

수민이가 더 이야기하도록 코딩을 해보겠습니다. 자기소개를 할 때 자기가 좋아하는 것을 말하면 상대방의 관심이 끌 수 있습니다.

〈그림 1-25〉 수민, 좋아하는 것 말하기

〈?〉는 '물음표'라고 하며 앞에서 배웠던 문장부호 중 하나입니다. 시트프(Shift) 키를 누른 채로 〈/〉 표시가 있는 키를 누르면 됩니다.

수민이가 물었으니 엔트리봇이 대답을 해야겠죠? 어떻게 하면 될까요?

수민이는 2초 말하기를 모두 4번 했습니다. 2+2+2+2를 하면 8이 됩니다. 즉, 수민이는 8초 동안 말을 했습니다.

〈그림 1-26〉 수민, 8초 말하기

그러니 엔트리봇은 8초를 기다려야 합니다.

이렇게 순서대로 명령어를 잘 연결해야 합니다.

순서, 반복, 조건, 함수 그리고 변수 중 순서가 가장 기본입니다. 코딩을 할 때 항상 순서대로 생각하는 연습을 해야 합니다.

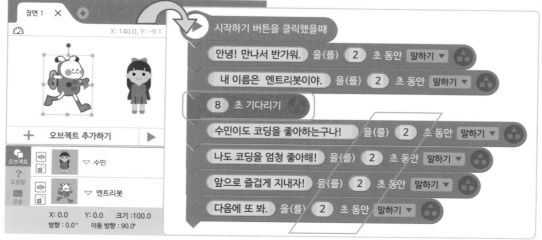

〈그림 1-27〉 엔트리봇, 8초 기다리기

엔트리봇이 8초를 말했으니 수민이도 8초를 기다려야 합니다.

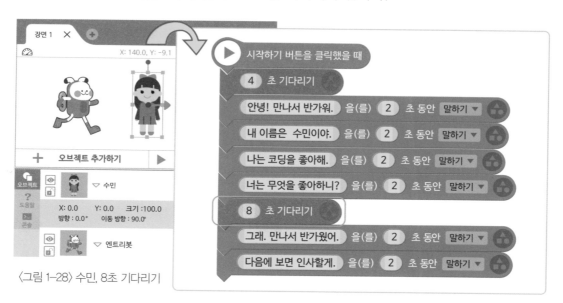

〈그림 1-28〉 수민, 8초 기다리기

배경도 넣어볼까요? 〈배경〉에서 교실을 찾아서 넣습니다.

〈오브젝트 추가하기〉를 클릭하고 〈오브젝트 선택〉-〈배경〉에서 교실을 찾아서 넣습니다.

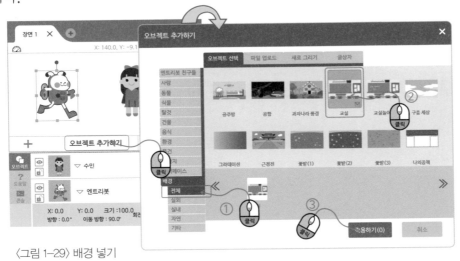

〈그림 1-29〉 배경 넣기

그러면 〈장면 창〉이 그림 1-30처럼 됩니다.

〈그림 1-30〉 교실 배경

엔트리봇과 수민이를 조금만 아래로 내려 마치 교실에 있는 것처럼 꾸며줍니다.

움직일 때 갈색 점만 움직이면 나중에 움직이라고 코딩했을 때 이상하게 되는 경우가 있습니다. 갈색 점만 움직이지 않도록 주의합니다.

〈그림 1–31〉 아래로 움직이기

우리는 엔트리로 서로 인사를 하는 프로그램을 만들었습니다.

인사를 할 때는 웃는 얼굴로 상대방의 눈을 보면서 자기 이름을 말합니다. 그리고 자기가 좋아하는 것을 말해주면 더 좋습니다.

항상 밝은 모습으로 인사하는 멋진 어린이가 됩시다.

완성된 코딩 정리

오브젝트
? 도움말
>_ 콘솔

▽ 수민

▽ 엔트리봇

▽ 교실

+ 오브젝트 추가하기   ▶ 시작하기

▶ 시작하기 버튼을 클릭했을 때

안녕! 만나서 반가워. 을(를) 2 초 동안 말하기 ▼

내 이름은 엔트리봇이야. 을(를) 2 초 동안 말하기 ▼

8 초 기다리기

수민이도 코딩을 좋아하는구나! 을(를) 2 초 동안 말하기 ▼

나도 코딩을 엄청 좋아해! 을(를) 2 초 동안 말하기 ▼

앞으로 즐겁게 지내자! 을(를) 2 초 동안 말하기 ▼

다음에 또 봐. 을(를) 2 초 동안 말하기 ▼

▶ 시작하기 버튼을 클릭했을 때

4 초 기다리기

안녕! 만나서 반가워. 을(를) 2 초 동안 말하기 ▼

내 이름은 수민이야. 을(를) 2 초 동안 말하기 ▼

나는 코딩을 좋아해. 을(를) 2 초 동안 말하기 ▼

너는 무엇을 좋아하니? 을(를) 2 초 동안 말하기 ▼

8 초 기다리기

그래. 만나서 반가웠어. 을(를) 2 초 동안 말하기 ▼

다음에 보면 인사할게. 을(를) 2 초 동안 말하기 ▼

배운 내용을 정리해요.

엔트리봇이 인사를 하도록 아래와 같이 코딩을 했습니다. 수민이는 몇 초를 기다리고 인사를 해야 할까요?

( ) 초

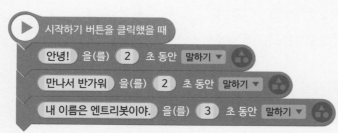

	스스로 평가해요.	확인
1	〈기다리기〉 명령어를 이해할 수 있어요.	
2	원하는 사진을 업로드 할 수 있어요.	
3	〈복사하기〉와 〈붙여넣기〉 단축키를 사용할 수 있어요.	
4	순서를 알고 차례대로 코딩할 수 있어요.	

답은 토마토북 카페(http://cafe.naver.com/arduinofun)에서 확인할 수 있습니다.

2 자음과 모음을 알아봐요

글을 읽기 위해서는 글자를 잘 알아야 합니다. 글자는 자음과 모음으로 이루어져 있습니다.

ㄱ, ㄴ, ㄷ 이런 것은 자음이라고 합니다. ㅏ, ㅓ, ㅡ, ㅣ 이런 것은 모음이라고 합니다.

엔트리로 자음을 순서대로 말하는 프로그램을 만들어 보겠습니다.

엔트리 프로그램을 실행하고 〈장면1〉을 〈자음 말하기〉로 바꿉니다.

〈오브젝트 추가하기〉를 클릭하고 나오는 메뉴에서 〈글상자〉를 클릭합니다.

〈그림 2-1〉 글상자

'ㄱ'이라고 쓰고, 〈적용하기〉를 클릭하면 글상자가 〈장면 창〉에 생깁니다. 이 글상자를 사용하면 자음과 모음을 나타낼 수 있습니다.

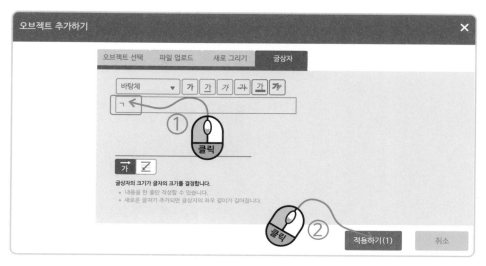

〈그림 2-2〉 'ㄱ' 쓰기

점을 클릭하고 움직이면(드래그) 글자 크기를 크거나 작게 만들 수 있습니다.

〈그림 2-3〉 'ㄱ' 작은 글씨

〈그림 2-4〉 'ㄱ' 큰 글씨

그림 2-5와 같이 만듭니다.

〈그림 2-5〉 오른쪽에 'ㄱ' 글씨 두기

엔트리봇에 그림 2-6과 같이 코딩을 하겠습니다. 글상자는 말하기 명령어를 사용할 수 없습니다. 그럼 그림 2-7과 같이 엔트리봇이 말하도록 코딩을 합니다.

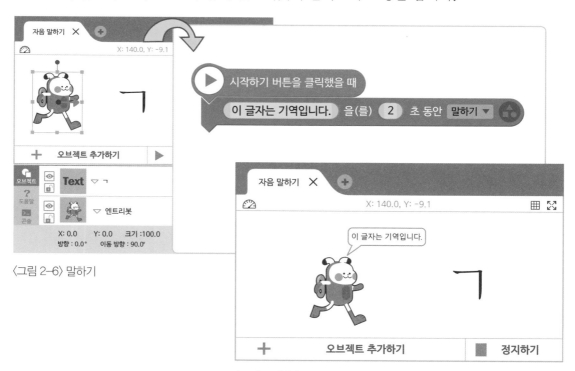

〈그림 2-6〉 말하기

〈그림 2-7〉 '이 글자는 기역입니다.' 말하기

여기서 우리 한글 자음을 순서대로 말해볼까요?

기역, 니은, 디귿, 리을, 미음, 비읍, 시옷, 이응, 지읒, 치읓, 키읔, 티읕, 피읖, 히읗

어떤 규칙이 보이나요?

기역을 보면 첫 번째 글자 '기'의 'ㄱ'과 두 번째 글자 '역'의 받침 'ㄱ'의 글자가 같다는 것이 보이나요? 나머지 글자도 마찬가지입니다. 시옷을 보면 첫 번째 글자 '시'의 'ㅅ'과

두 번째 글자 '옷'의 받침 'ㅅ'의 글자가 서로 같다는 것을 알 수 있습니다.

이것을 잘 보고 코딩을 해봅시다.

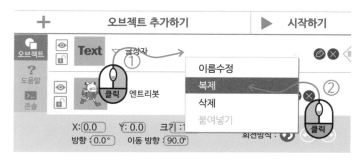

〈그림 2–8〉 오브젝트 복제

그리고 오브젝트도 복사할 수 있습니다.

〈그림 2–9〉 글상자 넣기

엔트리로 코딩할 때 중요한 규칙이 기억나죠?

코딩 규칙

무엇인가 하고 싶을 때 마우스 오른쪽 버튼을 누른다.

‘글상자1’, ‘글상자2’ 이
렇게 이름을 지으면 나중
에 헷갈릴 수 있습니다.

그림 2-10처럼 이름을
짓습니다.

〈그림 2-10〉 이름 붙이기

〈블록 꾸러미〉 위를 보면 고를 수 있는 메뉴가 여러 개 있습니다.

〈그림 2-11〉 〈글상자〉 선택

글상자를 클릭합니다. 여기서 글자나 문장을 바꿀 수 있습니다.

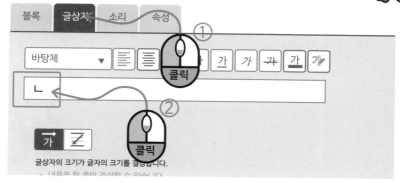

〈그림 2-12〉 글상자 메뉴

'ㄴ' 글상자가 'ㄱ' 글상자를 가려서 안 보이게 됩니다.

어떻게 하면 될까요?

〈그림 2-13〉 사라진 'ㄱ'

'ㄴ' 글상자에 그림 2-14와 같이 코딩을 합니다.

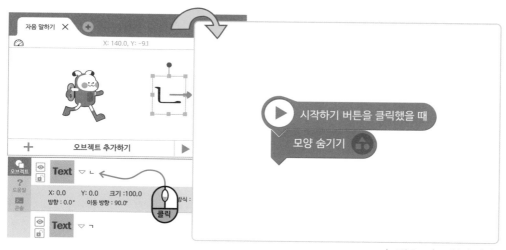

〈그림 2-14〉 모양 숨기기

〈시작하기〉를 클릭하면 'ㄴ'이 보이지 않습니다.

〈그림 2-15〉'ㄴ' 숨기기

엔트리봇이 2초 말했으니 그림 2-16처럼 'ㄱ' 글상자는 2초 뒤에 보이지 않게 코딩을 합니다.

〈그림 2-16〉'ㄱ' 글상자 2초 뒤에 숨기기

그리고 'ㄴ' 글상자는 그림 2-17처럼 2초 뒤에 보이게 코딩을 합니다.

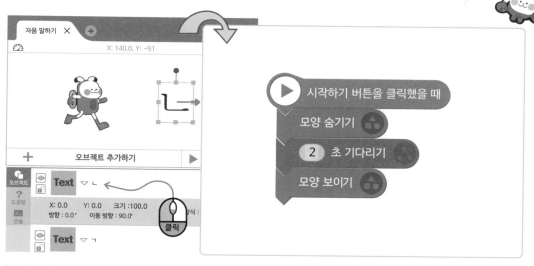

〈그림 2-17〉 'ㄴ' 글상자 2초 뒤에 보이기

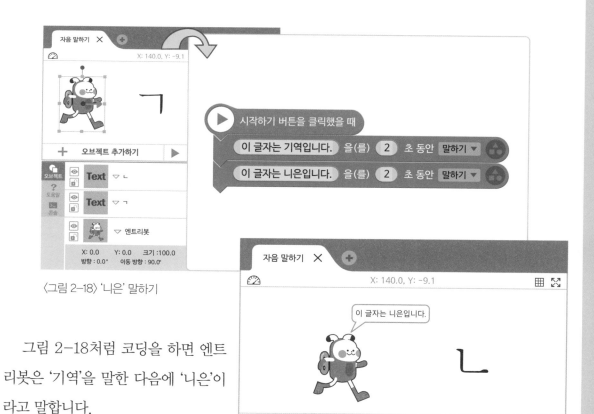

〈그림 2-18〉 '니은' 말하기

그림 2-18처럼 코딩을 하면 엔트리봇은 '기역'을 말한 다음에 '니은'이라고 말합니다.

〈그림 2-19〉 '니은'이라고 말하는 엔트리봇

그렇다면 'ㄱ'에서부터 'ㅎ'까지 말하려고 하려면 글상자를 이렇게 계속 복제해야 합니다. 그리고 글자를 각각 보이게 하거나 숨겨야 합니다.

너무 복잡하지 않나요? 더 쉬운 방법은 없을까요?

글상자는 하나만 사용해도 됩니다. 예전에 사용했던 글상자는 지웁니다. 그리고 글상자를 하나 만듭니다.

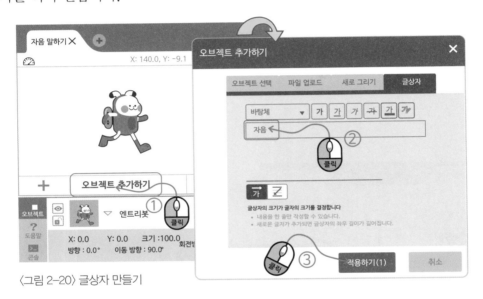

〈그림 2-20〉 글상자 만들기

〈오브젝트 추가하기〉를 선택하고 글상자에 '자음'이라고 씁니다.

글상자 이름을 '자음'으로 바꿉니다.

〈그림 2-21〉 이름 변경

〈글상자〉 블록 꾸러미 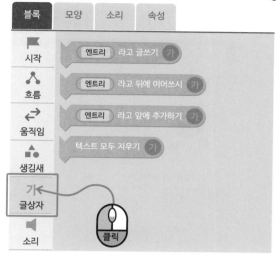 를 보면 〈글쓰기〉 명령어가 보입니다. 이것을 사용하면 아주 쉽게 코딩을 할 수 있습니다.

〈그림 2-22〉 〈글상자〉 블록 꾸러미

그림 2-23처럼 코딩을 하면 글상자에 'ㄱ'이라는 글씨가 쓰입니다.

〈그림 2-23〉 'ㄱ'이라고 글쓰기

이 명령어를 복제를 해서 조금씩 바꾸면 쉽게 코딩을 할 수 있습니다.

〈그림 2-24〉 코드 복사하고 붙여넣기

'ㅂ'까지 보여주는 프로그램은 그림 4-25와 같습니다.

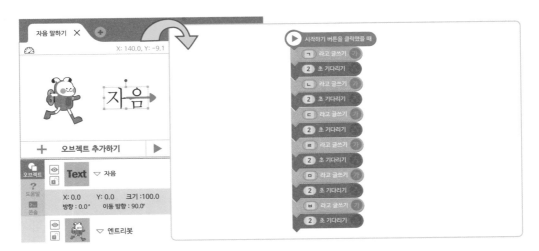

〈그림 2-25〉 'ㅂ'까지 글쓰기

엔트리봇에 그림 2-26와 같이 코딩하면 되겠죠?

그림을 잘 살펴보고 'ㅎ'까지 말하는 프로그램을 한 번 만들어 봅시다.

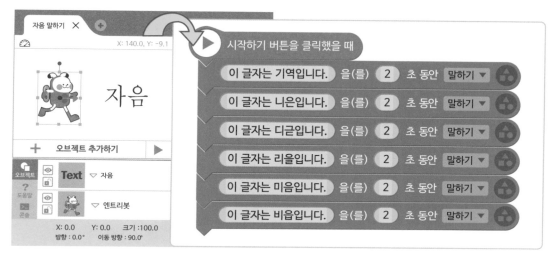

〈그림 2-26〉 'ㅂ'까지 코딩하기

'ㅂ'까지 자음 말하기를 완성하였습니다. 〈그림 2-27〉

시작하기 버튼을 클릭했을 때
이 글자는 기역입니다. 을(를) 2 초 동안 말하기 ▼
이 글자는 니은입니다. 을(를) 2 초 동안 말하기 ▼
이 글자는 디귿입니다. 을(를) 2 초 동안 말하기 ▼
이 글자는 리을입니다. 을(를) 2 초 동안 말하기 ▼
이 글자는 미음입니다. 을(를) 2 초 동안 말하기 ▼
이 글자는 비읍입니다. 을(를) 2 초 동안 말하기 ▼

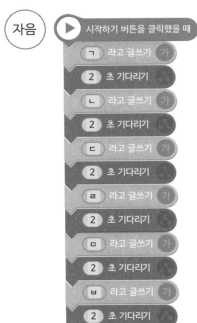

자음

시작하기 버튼을 클릭했을 때
ㄱ 라고 글쓰기 가
2 초 기다리기
ㄴ 라고 글쓰기 가
2 초 기다리기
ㄷ 라고 글쓰기 가
2 초 기다리기
ㄹ 라고 글쓰기 가
2 초 기다리기
ㅁ 라고 글쓰기 가
2 초 기다리기
ㅂ 라고 글쓰기 가
2 초 기다리기

〈그림 2-27〉 자음 말하기 코딩 정리

모음을 말하는 프로그램도 만들어 볼까요?

그림 2-28과 같은 10개의 모음을 말하는 프로그램을 만들어 봅시다.

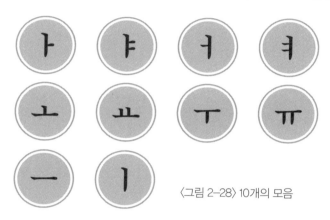

〈그림 2-28〉 10개의 모음

엔트리 프로그램을 실행하고 장면1을 '모음 말하기'로 바꿉니다.

〈오브젝트 추가하기〉를 클릭하고 나오는 메뉴에서 〈글상자〉를 클릭하여 '모음'이라고 씁니다.

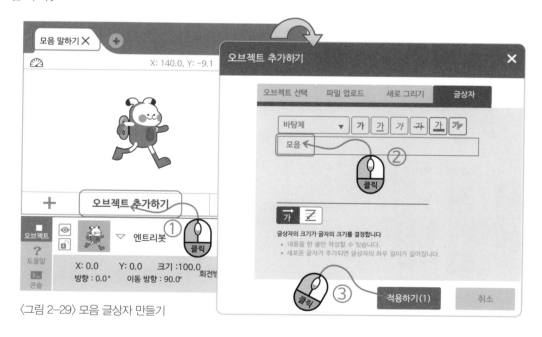

〈그림 2-29〉 모음 글상자 만들기

글상자의 이름을 '모음'으로 바꿉니다.

〈그림 2–30〉 '모음'으로 이름 바꾸기

순서대로 아, 야, 어, 여, 오, 요, 우, 유, 으, 이입니다. 우선 6개의 모음을 순서대로 말하는 프로그램을 만들어 보겠습니다.

〈모음〉 글상자는 그림 2–31과 같이 코딩하면 됩니다.

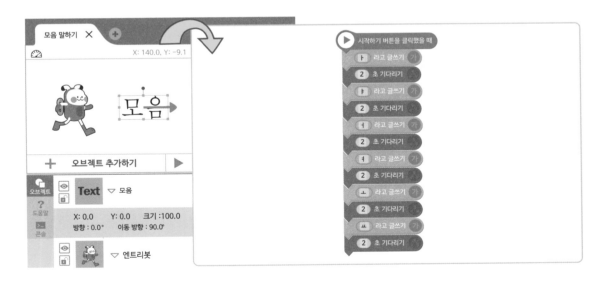

〈그림 2–31〉 'ㅛ'까지 글쓰기

엔트리봇에는 그림 2-32처럼 코딩하면 되겠죠?

〈그림 2-32〉 '요'까지 말하기

'ㅛ'까지의 〈모음 말하기〉를 완성하였습니다.

〈그림 2-33〉 〈모음 말하기〉 코딩 정리

지금까지 배운 내용으로 모음 10개를 말하는 프로그램을 완성해 봅시다.

이제 순서대로 코딩하는 방법을 잘 이해할 수 있나요?

자음과 모음을 말하는 프로그램 만들 수 있다면 여러분은 순서대로 코딩을 할 수 있게 된 것입니다.

처음에는 어려운 것이 당연합니다. 이 책을 여러 번 읽다 보면 여러분의 코딩 실력은 쑥쑥 클 것입니다.

글상자에 대한 설명으로 옳지 <u>않은</u> 것을 고르세요.

① 글상자에 글을 쓸 수 있어요.

② 글상자의 배경색깔을 바꿀 수 있어요.

③ 글상자의 글자 크기를 바꿀 수 있어요.

④ 글상자에 말하기 명령어를 사용할 수 있어요.

⑤ 글상자를 사용해서 자음을 말하는 작품을 만들 수 있어요.

	스스로 평가해요.	확인
1	글상자를 사용할 수 있어요.	
2	오브젝트를 복제해서 사용할 수 있어요.	
3	〈보이기〉와 〈숨기기〉 명령어를 사용할 수 있어요.	
4	〈글쓰기〉 명령어를 사용할 수 있어요.	

답은 토마토북 카페(http://cafe.naver.com/arduinofun)에서 확인할 수 있습니다.

3 [자음-모음] 퀴즈를 만들어요 1

앞에서 자음과 모음을 말하는 프로그램을 만들었습니다.

이번에는 자음-모음 퀴즈를 내는 프로그램을 만들어 보겠습니다.

동물 그림을 보여주고 동물 이름에 쓰이는 자음이나 모음을 찾으라는 퀴즈를 만들어 봅시다.

〈새로 만들기〉를 클릭하고, ×표 시를 눌러서 엔트리봇을 지웁니다.

〈그림 3-1〉 엔트리봇 지우기

우선 자음을 찾는 문제를 만들어 보겠습니다.

글상자를 넣고 그림 3-2와 같이 글을 씁니다.

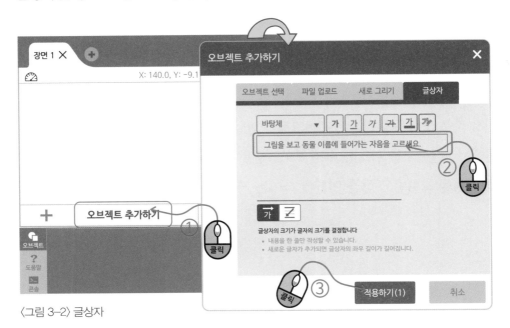

〈그림 3-2〉 글상자

글상자의 이름을 '퀴즈 설명 글상자'로 바꿉니다.

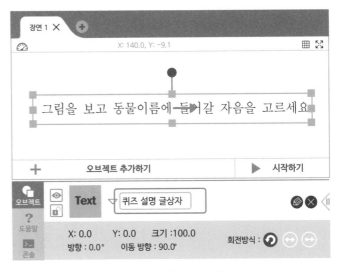

〈그림 3-3〉 퀴즈를 설명하는 '퀴즈 설명 글상자'

글자가 너무 크면 글상자의 크기
를 작게 만듭니다.

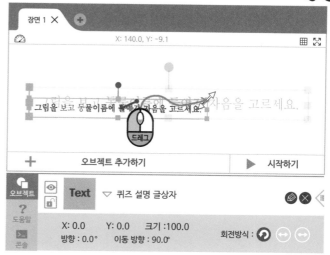

〈그림 3-4〉 글상자 크기 줄이기

그림 3-5와 같이 빨간색으로 표시된 곳을 클릭하면 글을 여러 줄로 쓸 수 있습니다.
글을 쓰다가 엔터(enter) 키를 누르면 줄이 바뀝니다.

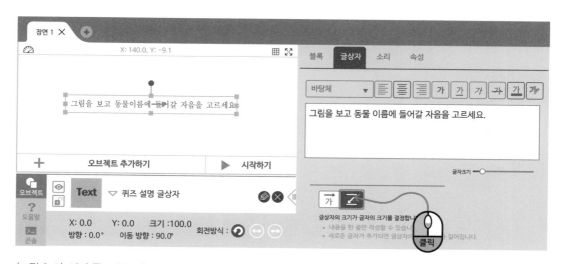

〈그림 3-5〉 여러 줄로 글쓰기

그리고 빨간 색으로 표시된 곳을 보면 동그라미 모양의 버튼이 있습니다. 이 버튼을 움직여서 글자 크기를 바꿀 수 있습니다.

한 줄보다는 두 줄이 보기가 좋죠?

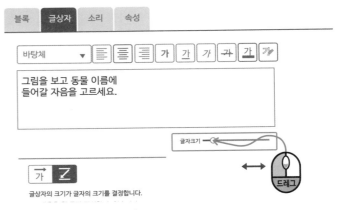

〈그림 3–6〉 글자 크기 바꾸기

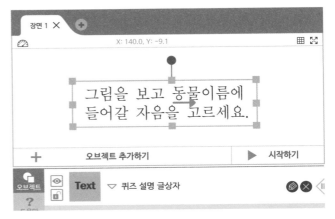

〈그림 3–7〉 커진 글씨

더하기 버튼을 누르면 새로운 장면이 생깁니다.

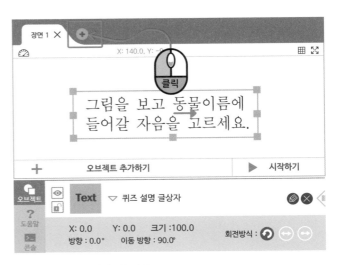

〈그림 3–8〉 장면 하나 더 넣기

새로운 장면에는 아무것도 없습니다. 이 새로운 장면에 동물을 넣어서 문제를 만들 것입니다.

드라마에서 장면이 바뀌는 경우를 본 적 있나요? 드라마에서 주인공이 집에 있다가 장면이 학교로 바뀌는 것과 같습니다.

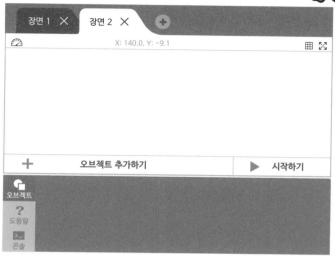

〈그림 3-9〉 장면 1, 2

장면 이름도 그림 3-10과 같이 바꿀 수 있습니다.

장면 이름을 정해주면 나중에 코딩할 때 헷갈리지 않아서 좋습니다.

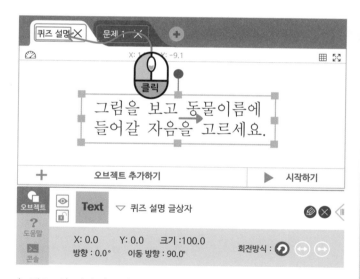

〈그림 3-10〉 장면 이름 바꾸기

그림 3-11과 같이 코딩하여 〈퀴즈 설명〉 장면에서 퀴즈를 설명하고 3초 있다가 〈문제1〉 장면이 시작하도록 합니다.

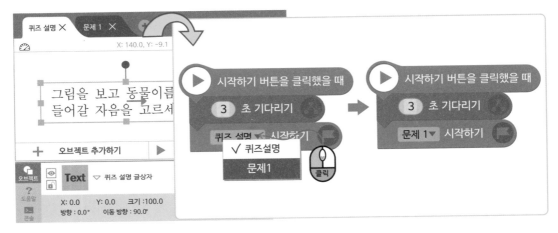

〈그림 3-11〉 코딩한 것 바꾸기

여기서 엔트리 코딩 규칙을 배워볼까요?

코딩 규칙

세모 표시는 고를 수 있다는 것이 여러 개 있다는 뜻이다.

엔트리에서 코딩할 때 세모 표시(▼)가 있으면 고를 수 있다는 것이 여러 개 있다는 뜻입니다. 명령어 블록을 보면 〈퀴즈 설명〉 장면만 있다고 생각할 수 있습니다. 세모 표시(▼)를 클릭하면 그림 3-11처럼 다른 장면도 고를 수 있습니다.

완성된 코딩 정리

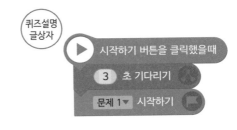

문제1 장면에서 〈오브젝트 추가하기〉를 선택하고 동물에서 사자를 고릅니다.
다시 〈오브젝트 추가하기〉를 선택하고 글상자를 선택합니다.

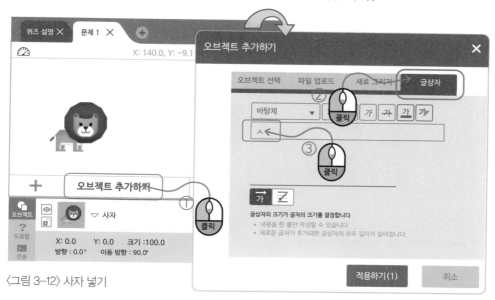

〈그림 3-12〉 사자 넣기

그리고 자음 글자를 쉽게 고를 수 있도록 글상자 배경 색깔을 바꿔보겠습니다. 그림
3-13처럼 빨간색으로 표시된 곳을 클릭하면 배경 색깔을 바꿀 수 있습니다.

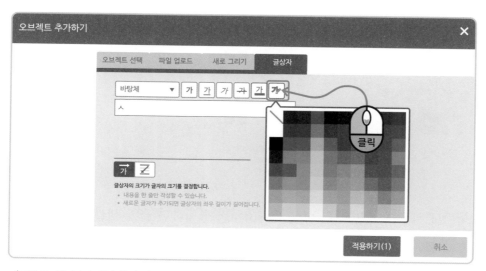

〈그림 3-13〉 글자 배경 색깔 바꾸기

그림 3-14처럼 글자 배경 색깔을 노란색으로 바꿉니다.

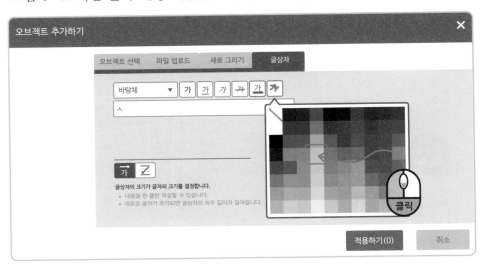

〈그림 3-14〉 글자 배경을 노란색으로 바꾸기

〈그림 3-15〉 장면 창

글자 색깔도 바꿀 수 있습니다. 그림 3-16처럼 클릭하면 글자 색깔을 초록색으로 바꿀 수 있습니다.

〈그림 3-16〉 글자 색깔 바꾸기

〈그림 3-17〉 글자 4개 넣기

그리고 그림 3-17처럼 글상자를 4개 만들고 그림 3-18처럼 이름을 바꿉니다.

동물 이름은 사자입니다. 그래서 'ㅅ'과 'ㅈ'을 클릭하면 정답이고 나머지 글자는 정답이 아닙니다.

〈그림 3-18〉 글상자 이름 바꾸기

퀴즈의 규칙을 알아봅시다.

1	ㅅ이나 ㅈ을 클릭하면 사자가 '정답입니다.'라고 말합니다.
2	ㅅ이나 ㅈ을 클릭하지 않으면 사자가 '다시 생각하세요.'라고 말합니다.

이 두 가지 규칙을 잘 생각하면서 코딩을 해봅시다.

어떻게 하면 될까요? 〈오브젝트를 클릭했을 때〉 명령어와 〈신호〉를 사용하면 쉽게 코딩을 할 수 있습니다.

〈그림 3-19〉〈오브젝트를 클릭했을 때〉 명령어

초록불이면 신호등을 건너고 빨간불이면 멈추는 것 기억나죠? 이런 것들을 신호라고 합니다. 축구 경기에서 심판이 호루라기를 불면 선수들이 축구경기를 하는 것도 마찬가지입니다. 심판이 호루라기로 경기 시작이라는 신호를 보내면 선수들이 축구 경기를 하는 것이죠.

> 심판이 호루라기로 경기 시작이라고 신호를 보낸다.

> 선수들이 신호를 받으면 축구 경기를 시작한다.

이 〈신호〉를 이용하면 아주 쉽게 문제를 해결할 수 있습니다.

처음에는 어려운 것이 당연합니다. 처음부터 두 발 자전거를 탈 수 있을까요? 그렇지 않죠? 〈신호〉도 처음에는 사용하기 어렵겠지만 이 책을 열심히 반복해서 읽다보면 나중에는 마음대로 신호를 사용할 수 있게 될 것입니다.

〈속성〉-〈신호〉-〈신호 추가〉를 순서대로 클릭합니다.

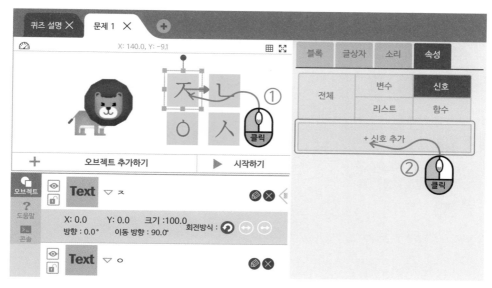

〈그림 3-20〉〈신호〉 추가하기

〈신호〉 이름은 '정답'이라고 정했습니다.

〈그림 3-21〉〈정답〉 신호

'ㅅ'이나 'ㅈ' 글상자를 클릭했을 때는 〈정답〉 신호를 보냅니다.

〈그림 3–22〉 〈정답〉 신호 보내기

사자를 선택합니다. 사자가 〈정답〉 신호를 받으면 '정답입니다.'라고 말합니다.

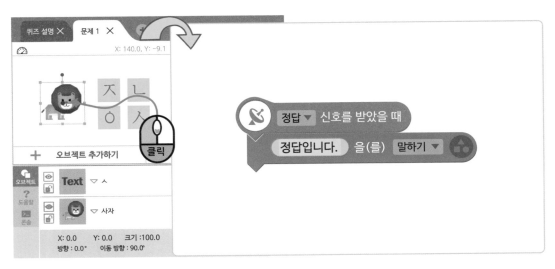

〈그림 3–23〉 '정답입니다.' 말하기

처음부터 잘 되는지 확인해봅시다.

그림 3-24에서 빨간색으로 표시된 곳을 클릭하면 〈장면 창〉이 크게 보입니다.

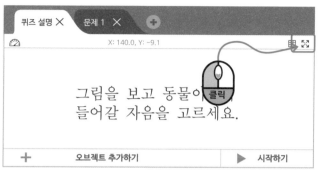

〈그림 3-24〉 화면 크게 하기

〈그림 3-25〉 화면이 커진 〈장면 창〉

원래 화면으로 돌아가고 싶으면 그림 3-26에서 빨간색으로 표시된 곳을 클릭합니다.

시작하기 버튼을 누르면(▶) 프로그램이 실행됩니다.

'ㅅ'를 클릭하면 그림 3-27처럼 사자가 '정답입니다.'라고 말합니다.

'ㅅ' 글상자에 코딩한 것을 'ㅈ' 글상자에 복사합니다.

〈그림 3-26〉 화면 작게 하기

〈그림 3-27〉 말하는 사자

'ㅇ'이나 'ㄴ' 글상자를 클릭하면 문제를 틀린 것입니다.

'ㄴ' 글상자를 선택하고 신호를 하나 만들고 이름을 '틀렸다'라고 짓습니다.

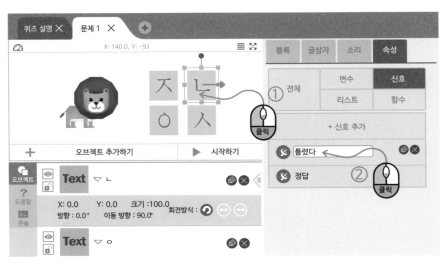

〈그림 3–28〉〈틀렸다〉 신호 만들기

'ㄴ' 글상자를 클릭하면 〈틀렸다〉 신호를 보냅니다.

〈그림 3–29〉〈틀렸다〉 신호 보내기

'ㅇ' 글상자에도 코딩한 것을 복사해서 넣습니다.

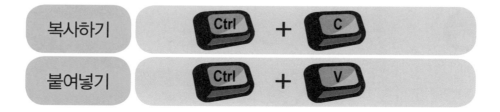

코딩 규칙

단축키는 외워서 사용한다.

| 복사하기 | Ctrl + C |
| 붙여넣기 | Ctrl + V |

사자에 그림 3-30과 같이 코딩을 합니다.

〈그림 3-30〉 사자에 코딩하기

퀴즈에 소리를 넣어서 더 재미있게 만들어 봅시다. 사자에 소리를 넣어 보겠습니다.

〈소리〉 메뉴를 선택하고 오른쪽 마우스 버튼을 클릭하고 원래 있던 소리를 삭제합니다.

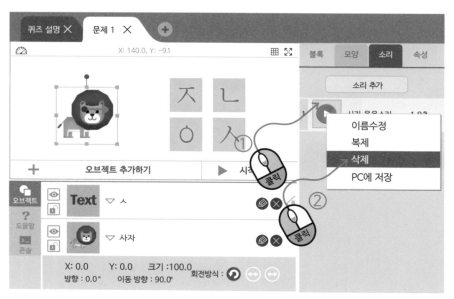

〈그림 3-31〉 고른 소리를 지우기

〈소리추가〉 버튼을 클릭합니다.

〈그림 3-32〉 소리 추가하기

이 책에서는 정답일 때는 '박수갈채' 소리가 나오고, 틀렸을 때는 '남자 비명' 소리가 나오도록 코딩을 하겠습니다.

직접 소리를 찾아도 좋고 그림 3-33처럼 '박수갈채'라고 검색해도 됩니다.

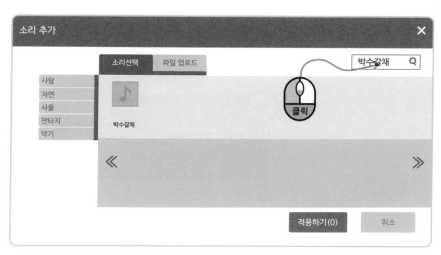

〈그림 3-33〉 소리 검색하기

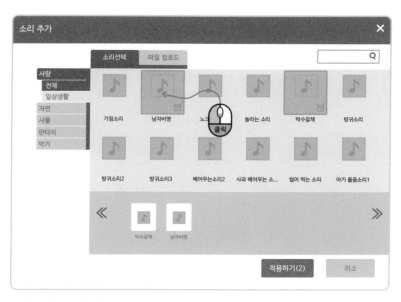

〈그림 3-34〉 소리 2개 넣기

사자에 그림 3–35와 같이 코딩을 하고 〈시작하기〉를 눌러 확인해 봅시다.

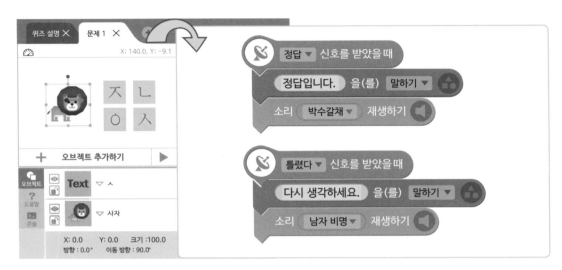

〈그림 3–35〉 사자에 코딩하기

이렇게 코딩했을 때 'ㅅ' 글상자를 클릭하고 'ㅇ' 글상자를 클릭하면 박수갈채 소리와 남자비명 소리가 같이 납니다. 어떻게 하면 될까요?

그림 3–36처럼 오브젝트를 클릭하면 일단 모든 소리를 멈추고 '박수갈채' 소리나 '남자 비명' 소리를 내면 됩니다.

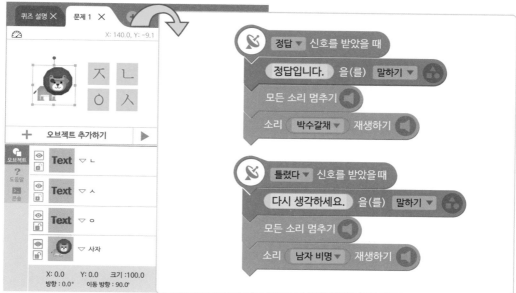

〈그림 3-36〉 모든 소리 멈추기

완성된 코딩 정리

오브젝트를 클릭했을 때
정답 ▼ 신호 보내기 🏳

오브젝트를 클릭했을 때
틀렸다 ▼ 신호 보내기 🏳

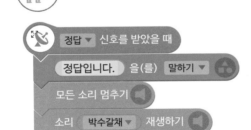

정답 ▼ 신호를 받았을 때
정답입니다. 을(를) 말하기 ▼ 👥
모든 소리 멈추기 🔊
소리 박수갈채 ▼ 재생하기 🔊

틀렸다 ▼ 신호를 받았을 때
다시 생각하세요. 을(를) 말하기 ▼ 👥
모든 소리 멈추기 🔊
소리 남자 비명 ▼ 재생하기 🔊

배운 내용을 정리해요.

다음 명령어를 찾을 수 있는 블록 꾸러미를 선으로 이어주세요.

1 초 기다리기   ■   ■ 생김새

안녕! 을(를) 말하기 ▼   ■   ■ 흐름

소리 강아지 짖는소리 ▼ 재생하기   ■   ■ 소리

	스스로 평가해요.	확인
1	글상자의 배경 색깔을 바꿀 수 있어요.	
2	장면을 더 만들어서 코딩할 수 있어요.	
3	〈오브젝트를 클릭했을 때〉 명령어를 이해할 수 있어요.	
4	소리를 넣어서 퀴즈를 더 재미있게 만들 수 있어요.	

답은 토마토북 카페(http://cafe.naver.com/arduinofun)에서 확인할 수 있습니다.

4 [자음-모음] 퀴즈를 만들어요 2

자음 퀴즈를 만들었으니, 모음 퀴즈로 만들어 볼까요?

자음 퀴즈를 다 풀면 모음 퀴즈를 풀어야겠죠?

어떻게 하면 될까요?

바로 장면을 하나 더 넣으면 됩니다. 장면을 하나 만들고 문제2라고 이름을 바꿉니다.

문제2는 모음 퀴즈입니다.

〈그림 4-1〉 〈문제2〉 장면 만들기

그런데 어떻게 하면 〈문제1〉에서 〈문제2〉로 장면이 바뀔 수 있을까요?

버튼을 만들면 쉽게 문제를 해결할 수 있습니다.

여러분 TV 리모컨 알죠? 리모컨의 전원 버튼을 누르면 TV가 켜집니다. 엔트리도 마찬가지로 오브젝트를 리모컨처럼 쓸 수 있습니다.

문제1 장면에서 〈오브젝트 추가하기〉를 클릭하고 〈글상자〉를 클릭하여 '다음 문제'라고 씁니다.

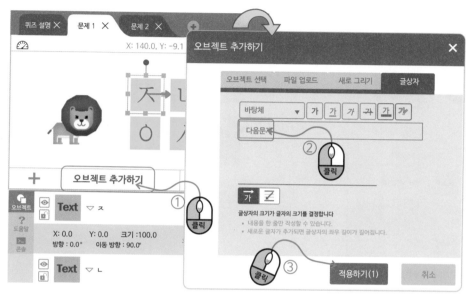

〈그림 4-2〉 〈글상자〉 만들기

글상자 이름은 '다음 문제 버튼'이라고 짓습니다.

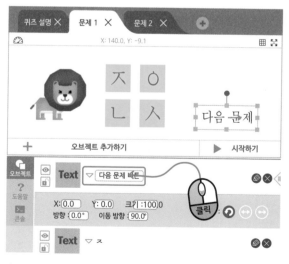

〈그림 4-3〉 〈글상자〉 이름 바꾸기

그림 4-4처럼 이 글상자를 클릭하면 다음 장면을 시작하도록 코딩을 하면 됩니다.
글상자가 버튼과 같은 일을 하게 되는 겁니다.

〈그림 4-4〉 다음 장면 시작하기

이 글상자를 복사하고 다음 장면에서 〈붙여넣기〉 해서 그대로 사용할 수 있습니다.

오브젝트를 복사하면 거기에 코딩된 것도 그대로 복사가 됩니다.

참 편리하죠?

〈그림 4-5〉 오브젝트 복사하기

〈문제2〉 장면을 고릅니다.

〈문제2〉 장면을 클릭하면 아무것도 없는 것을 볼 수 있습니다

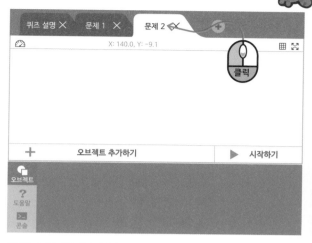

〈그림 4-6〉〈문제2〉 장면

마우스 오른쪽 버튼을 누르면 〈붙여넣기〉 메뉴가 보입니다.

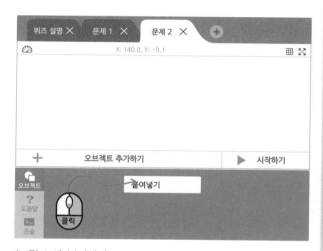

〈그림 4-7〉 붙여넣기

코딩 규칙

무엇인가 하고 싶을 때 마우스 오른쪽 버튼을 누른다.

〈붙여넣기〉를 하면 명령어도 그대로
복사되는 것을 확인할 수 있습니다.

〈그림 4-8〉 다음 문제 붙여넣기

〈오브젝트 추가하기〉를 선택하여 개구리를 가지고 옵니다.

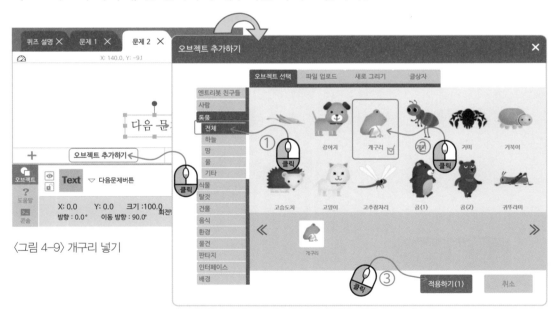

〈그림 4-9〉 개구리 넣기

그러면 〈장면 창〉이 그림 4-10처럼 됩니다.

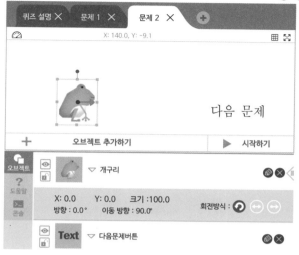

〈그림 4-10〉 개구리와 다음 문제

모음 퀴즈를 만들 준비가 되었습니다. 퀴즈를 더 재미있게 만들기 위해 〈퀴즈 설명〉 장면부터 조금씩 바꿔볼까요?

〈퀴즈 설명〉 장면을 클릭하고 〈글상자〉를 선택합니다.

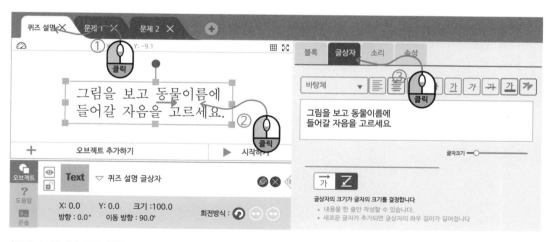

〈그림 4-11〉 〈글상자〉 선택

그림 4-12에서 빨간색으로 표시된 곳을 클릭하면 글이 가운데로 오게 됩니다.
그리고 글자를 그림과 같이 고칩니다.

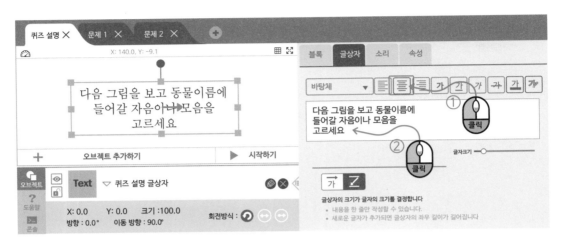

〈그림 4-12〉 글자를 가운데로 오게 하기

〈문제1〉 장면의 자음 글상자도 복사를 해서 〈문제2〉에 붙여넣기를 합니다.
이렇게 〈복사-붙여넣기〉를 잘 사용하면 아주 편하게 코딩을 할 수 있습니다.
그리고 그림 4-13과 같이 만듭니다.

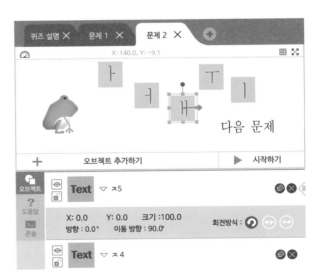

〈그림 4-13〉 여러 가지 모음

항상 그림 4-14와 같은 방법으로 이
름을 지어야 나중에 코딩할 때 편합니다.

〈그림 4-14〉 이름 짓기

퀴즈를 푸는 동안 개구리가 폴짝폴짝 뛰도록 만들고 싶습니다.
개구리에 그림 4-15와 같이 코딩을 하고 〈시작하기〉를 클릭해봅시다.

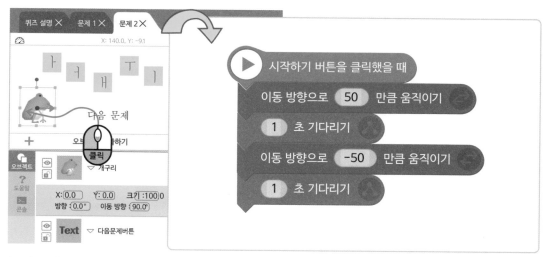

〈그림 4-15〉 왔다 갔다 하는 개구리

〈이동 방향으로 −50만큼 움직이기〉를 하면 뒤로 갑니다. 화살표 표시가 이동 방향입니다. 빼기(−) 표시는 반대방향을 나타냅니다. 즉 −50은 반대방향으로(왼쪽) 50만큼 움직인다는 뜻입니다.

〈그림 4−16〉 개구리 이동방향

그림 4−17과 같이 코딩을 하면 개구리가 여러 번 왔다 갔다 합니다.

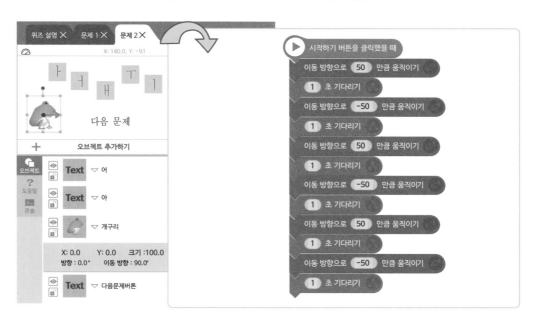

〈그림 4−17〉 개구리 여러 번 움직이기

여러 번 왔다 갔다 코딩하는 것이 너무 힘들지 않나요? 여기서 어떤 규칙을 발견할 수 있나요? 그림 4-18과 같이 명령어에 숫자를 붙여 보겠습니다.

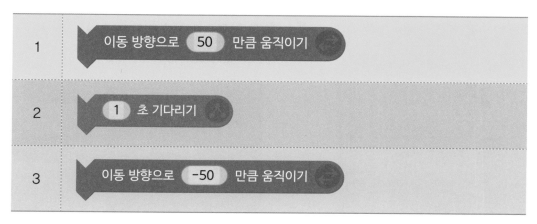

〈그림 4-18〉 코딩한 것을 숫자로 나타내기

그림 4-17에서 코딩한 것을 숫자로 표현하면, 1-2-3-2-1-2-3-2가 됩니다.
1-2-3-2가 반복되는 것이 보이나요?
그림 4-17에서 코딩한 것을 그림 4-19와 같이 바꿔서 코딩할 수 있습니다.
둘 다 똑같은 일을 합니다. 1-2-3-2를 3번 반복하는 것이죠.

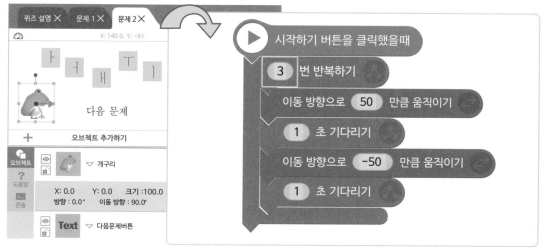

〈그림 4-19〉 반복하기

100번 왔다 갔다 하고 싶으면 그림 4-20과 같이 숫자를 100으로 바꿔주면 됩니다.

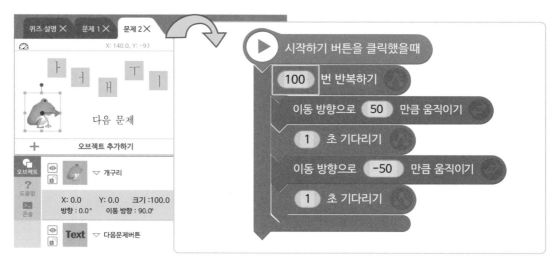

〈그림 4-20〉 100번 반복하기

계속 반복하고 싶으면 〈계속 반복하기〉 명령어를 사용합니다.

〈그림 4-21〉 계속 반복하기

이것이 반복입니다. 코딩을 공부할 때 순서, 반복, 조건, 함수 그리고 변수를 꼭 기억하라고 했었죠?

반복은 이렇게 같은 명령어를 여러 번 쓸 때 사용합니다. 컴퓨터는 반복하는 것을 매우 잘합니다. 그리고 아주 빠르게 반복을 합니다. 이제 반복이 무엇인지 잘 알겠죠?

처음부터 다시 시작해보겠습니다.

〈퀴즈 설명〉 장면을 클릭하고 〈시작하기(▶ **시작하기**)〉 버튼을 클릭합니다.

그리고 〈문제2〉장면으로 이동합니다. 그런데 개구리가 움직이지 않습니다.

한 장면에서 다른 장면으로 바뀌었을 때 움직이게 하려면 〈장면이 시작되었을 때〉로 명령어를 바꿔줘야 합니다.

엔트리로 코딩할 때 가장 많이 실수하는 부분이니 주의 깊게 봐주세요.

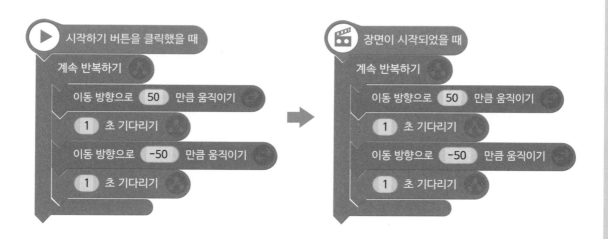

〈그림 4-22〉 〈장면이 시작되었을 때〉 명령어 사용하기

개구리가 움직이면서 모양도 바꾸면 더 좋을 것 같습니다.

〈모양〉을 클릭합니다. 그러면 3가지 개구리 모양을 볼 수 있습니다.

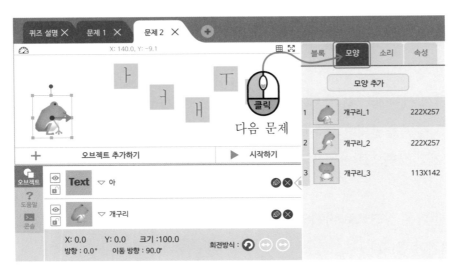

〈그림 4-23〉 개구리 모양 보기

〈그림 4-24〉 개구리 2번 모양

개구리 1번 모양과 2번 모양을 계속해서 바꿔주면 개구리가 폴짝 점프하는 것처럼 보입니다.

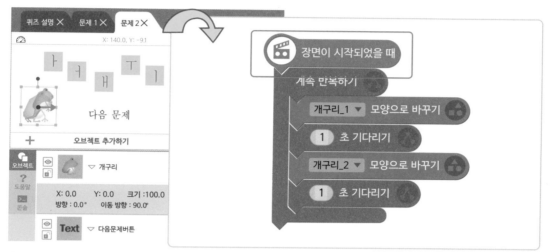

〈그림 4–25〉 1초마다 모양 바꾸기

더 크게 움직이도록 100만큼 움직이는 것으로 바꿔서 코딩을 했습니다.

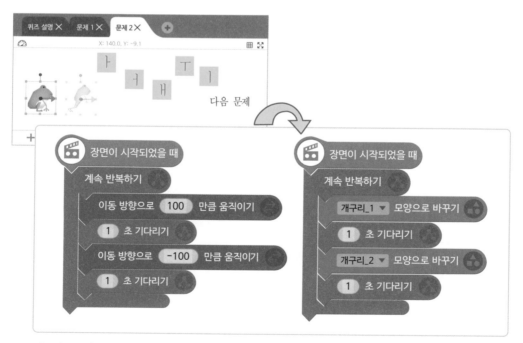

〈그림 4–26〉 더 많이 움직이기

개구리 글자를 만들기 위해서 사용하는 모음은 'ㅐ', 'ㅜ', 'ㅣ'입니다. 이 3가지 모음을 클릭했을 때는 〈정답〉 신호를 보냅니다. 먼저 'ㅐ'를 선택하여 코딩을 하고 'ㅜ', 'ㅣ'는 'ㅐ'에 코딩한 것을 복사해서 붙여넣기를 합니다.

〈그림 4-27〉〈정답〉 신호 보내기

나머지 모음을 클릭했을 때는 〈틀렸다〉 신호를 보냅니다. 먼저 'ㅏ'를 선택하여 코딩을 하고 'ㅓ'는 'ㅏ'에 코딩한 것을 복사해서 붙여넣기를 합니다.

〈그림 4-28〉〈틀렸다〉 신호 보내기

사자와 마찬가지로 개구리에도 〈오브젝트 추가하기〉를 선택하고 소리를 넣습니다.

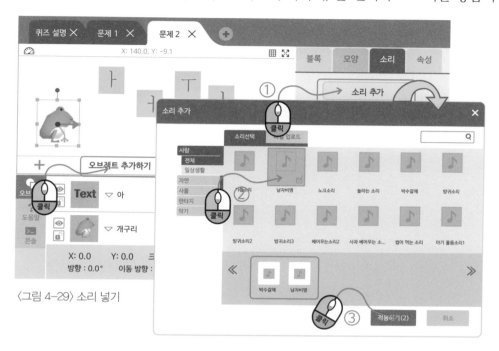

〈그림 4-29〉 소리 넣기

개구리가 〈정답〉 신호를 받으면 '정답입니다.' 라고 말하고 '박수갈채' 소리를 냅니다.
〈틀렸다〉 신호를 받으면 '남자 비명' 소리를 냅니다.

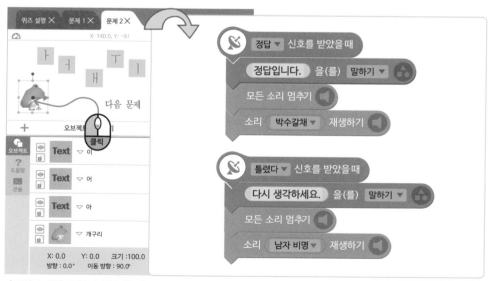

〈그림 4-30〉 모든 소리 멈추기

퀴즈를 만들면서 많은 것을 배웠습니다.

이제 여러분만의 멋진 자음-모음 퀴즈를 만들어보면 어떨까요? 그리고 코딩을 공부할 때 순서, 반복, 조건, 함수 그리고 변수가 중요하다는 것 꼭 기억해주세요.

완성된 코딩 정리

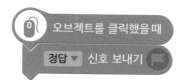

오브젝트를 클릭했을 때
정답 ▼ 신호 보내기

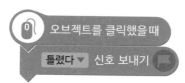

오브젝트를 클릭했을 때
틀렸다 ▼ 신호 보내기

정답 ▼ 신호를 받았을 때
정답입니다. 을(를) 말하기 ▼
모든 소리 멈추기
소리 박수갈채 ▼ 재생하기

틀렸다 ▼ 신호를 받았을 때
다시 생각하세요. 을(를) 말하기 ▼
모든 소리 멈추기
소리 남자 비명 ▼ 재생하기

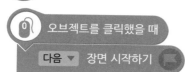

오브젝트를 클릭했을 때
다음 ▼ 장면 시작하기

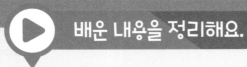

아래에 있는 동물로 자음 맞히기 퀴즈를 만들고 싶습니다.

〈정답입니다〉 신호를 보내야 하는 글자를 골라서 동그라미 표시를 하세요.

ㄱ, ㄹ, ㅁ, ㅂ, ㅅ, ㅇ, ㅊ, ㅎ

	스스로 평가해요.	확인
1	오브젝트가 어떤 모양이 있는지 알 수 있어요.	
2	〈반복하기〉 명령어를 이해할 수 있어요.	
3	개구리가 폴짝 점프하도록 코딩할 수 있어요.	
4	자신만의 멋진 자음-모음 퀴즈를 만들 수 있어요.	

답은 토마토북 카페(http://cafe.naver.com/arduinofun)에서 확인할 수 있습니다.

3

통합교과

소프트웨어로 배우는

1 학교를 찾아가요 1

여러분 학교를 가면서 주위를 둘러본 적이 있나요? 학교 가는 길에 어떤 것을 볼 수 있나요? 문구점도 볼 수 있고, 편의점도 볼 수 있고, 놀이터도 볼 수 있습니다.

그런데 학교를 잘 찾아가지 못하는 친구도 있을 수 있습니다. 우리는 엔트리로 학교를 잘 찾아가지 못하는 친구를 도와주는 게임을 만들어 보겠습니다.

이 게임은 여러 가지 미션을 하면서 학교를 찾아가는 게임입니다.

〈새로 만들기〉를 눌러서 새로운 작품을 만들어 봅시다.

〈그림 1-1〉 새로 만들기

이 게임에서는 엔트리봇이 마우스를 따라서 움직이게 하고 싶습니다. 그림 1−2처럼 코딩을 하면 엔트리봇 글자 옆에 세모 표시가 보입니다. 이 세모 표시는 고를 수 있는 것이 여러 개 있다는 뜻입니다.

엔트리봇 글자를 클릭하면 고를 수 있는 것이 나옵니다. 마우스포인터를 고릅니다.

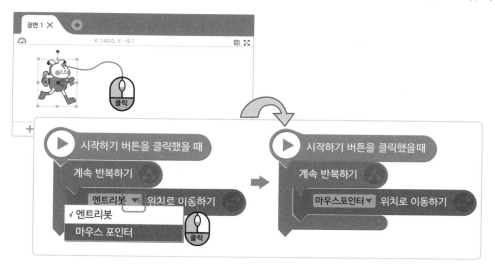

〈그림 1−2〉 마우스포인터 위치로 이동하기

엔트리로 코딩할 때 규칙 하나를 더 정리해볼까요?

코딩 규칙

세모 표시(▼)는 고를 수 있는 것이 여러 개 있다는 뜻이다.

그림 1−3이 마우스포인터입니다. 마우스를 움직일 때 모니터에서 화살표가 같이 움직이는 것이 보이죠? 이것이 바로 마우스포인터입니다.

엔트리봇에 그림 1−2와 같이 코딩을 하면 엔트리봇이 마우스포인터 따라서 움직입니다. 참 신기하죠?

〈그림 1−3〉 마우스포인터

엔트리봇이 마우스포인터를 따라다 니다 보면 그림 1-4처럼 엔트리봇이 장 면 창에서 안 보이는 경우가 생깁니다. 어떻게 하면 될까요?

〈그림 1-4〉 안 보이는 엔트리봇

〈화면 끝에 닿으면 튕기기〉 명령어를 사용하면 문제를 쉽게 해결할 수 있습니 다.

화면 끝에 닿으면 튕기기

〈그림 1-5〉 화면 끝에 닿으면 튕기기

엔트리봇에 그림 1-6처럼 코딩을 하면 됩니다.

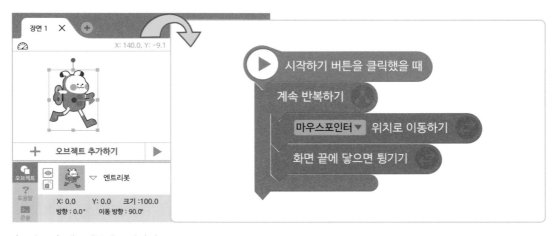

〈그림 1-6〉 엔트리봇에 코딩하기

그런데 화면 끝에 닿으면 엔트리봇이 위아래가 뒤집어집니다.

〈그림 1-7〉 뒤집어진 엔트리봇

엔트리봇 오브젝트를 고르면 왼쪽 아래에 회전 방식이 있습니다. 회전 방식은 오브젝트가 빙글빙글 도는 방법을 말합니다.

회전 방식에서 세 번째 것을 고르면 엔트리봇이 거꾸로 돌지 않습니다.

〈그림 1-8〉 회전 방식 바꾸기

두 번째 것을 고르면 엔트리봇이 오른쪽에서 왼쪽으로 보면서 뒤집어집니다.

회전 방식에 관하여는 나중에 다른 작품을 만들면서 자세히 배워보겠습니다.

그리고 엔트리봇이 걷는 것처럼 만들고 싶습니다. 〈모양〉을 클릭합니다.

〈그림 1-9〉〈모양〉 클릭

엔트리봇 이름을 클릭해서 '엔트리봇1'로 이름을 바꿔줍니다.

〈그림 1-10〉 이름 바꾸기

〈모양 추가〉를 누르면 다른 그림을 넣을 수 있습니다. 엔트리봇이 뛰어가는 것처럼 보이도록 다른 엔트리봇 그림을 넣습니다. 그리고 이름을 '엔트리봇2'라고 짓습니다.

〈그림 1-11〉 엔트리봇2

그림을 잘못 넣었거나 바꾸고 싶으면 그 그림 위에다 마우스를 대고 마우스 오른쪽 버튼을 클릭합니다. 그리고 〈삭제〉를 클릭하면 그림이 지워집니다.

〈그림 1-12〉 삭제하기

코딩 규칙

무엇인가 하고 싶을 때 마우스 오른쪽 버튼을 누른다.

엔트리봇의 모양이 두 가지가 되었습니다. 처음에는 〈엔트리봇1〉 모양입니다. 그 다음 모양은 무엇이죠? 바로 〈엔트리봇2〉입니다. 〈엔트리봇2〉 다음 모양은 없습니다. 그럼 어떻게 될까요? 다시 처음으로 돌아와서 〈엔트리봇1〉 모양이 됩니다.

그림 1-13처럼 코딩을 하면 엔트리봇의 모양이 〈엔트리봇1〉에서 〈엔트리봇2〉로 계속 바뀌게 됩니다.

〈계속 반복하기〉 명령어를 사용하면 엔트리봇이 뛰는 것처럼 만들 수 있습니다.

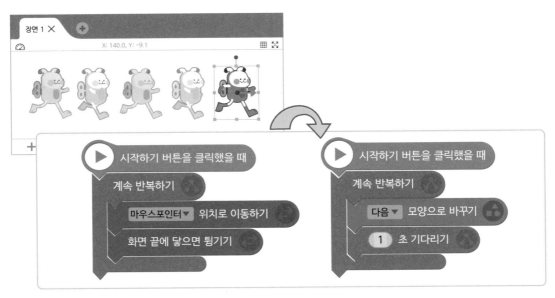

〈그림 1-13〉 〈계속 반복하기〉 명령어

엔트리봇에게 도와달라는 사람을 넣습니다. 〈오브젝트 추가하기〉를 눌러서 학생(2)를 넣습니다.

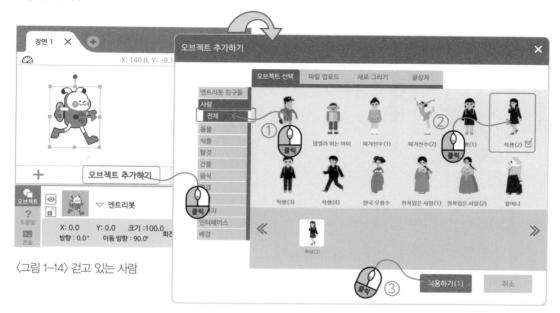

〈그림 1–14〉 걷고 있는 사람

그리고 이름을 '정민'이라고 짓습니다.

그러면 〈장면 창〉이 그림 1–15처럼 됩니다.

〈그림 1–15〉 장면 창

정민이가 엔트리봇과 같은 방향을 보게 만들고 싶습니다. 〈좌우모양 뒤집기〉를 하면
정민이가 오른쪽을 보게 됩니다.

〈그림 1-16〉 좌우 모양 뒤집기

좌는 왼쪽을 말합니다. 우는 오른쪽을 말합니다. 즉 왼쪽과 오른쪽이 서로 바뀌는 것
이죠.

〈그림 1-17〉 좌우 모양 뒤집기

엔트리봇과 정민이가 마주보고 대화를 해야 하니까 그림 1-18처럼 〈좌우 모양 뒤집기〉를 한 번 더 해줍니다. 아니면 〈좌우 모양 뒤집기〉 명령어를 사용하지 않아도 됩니다.

〈그림 1-18〉 좌우 모양 뒤집기

흐름 블록 꾸러미 를 보면 이라는 명령어가 보입니다.

순서, 반복, 조건, 함수 그리고 변수가 중요하다는 것 기억나죠?

이제 조건에 대해서 배워보겠습니다.

'학교에 늦었다면, 배가 고프다면, 심심하다면' 이런 것들을 모두 조건이라고 합니다. 어렵지 않죠?

이런 명령어를 만들어 봅시다.

'배가 고프다면 밥을 먹어라.'

여기서 '배가 고프다면'은 조건입니다. '밥을 먹어라'는 배가 고프다면(조건이 참이 되면) 실행하는 명령어입니다. '참'은 쉬운 말로 '그렇다, 맞다'라는 뜻입니다.

예를 들어 '배가 고픈 것이 참이다'라는 것은 배가 고프다는 것입니다. '학교 간 것이 참이 아니다'라는 것은 학교를 가지 않았다는 뜻입니다. '코딩이 재밌다는 것이 참이다'라는 것은 코딩이 재미있다는 뜻입니다.

'참'이 어떤 뜻이지 알 수 있겠죠?

정민이를 클릭하고 코딩을 합니다.

그림 1-19에서 '참' 안에 조건을 넣어주면 됩니다.

〈그림 1-19〉〈만일 ～이라면〉 명령어

판단 블록 꾸러미 를 보면 〈마우스포인터에 닿았는가?〉라는 명령어가 보입니다. 이것을 블록 조립소로 가지고 옵니다.

〈그림 1–20〉 〈마우스포인터에 닿았는가?〉 가져오기

정민이가 엔트리봇에 닿으면 어떤 일을 하는 거죠? 세모 표시를 눌러서 엔트리봇을 고릅니다.

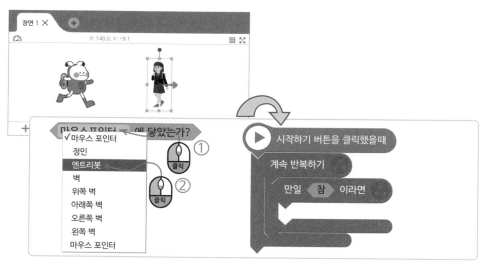

〈그림 1–21〉 엔트리봇에 닿았는가?

블록을 드래그 해서 합칩니다.

〈그림 1-22〉 〈마우스포인터에 닿았는가?〉 블록 결합

엔트리봇에 닿으면 말을 하도록 그림 1-23과 같이 코딩합니다.

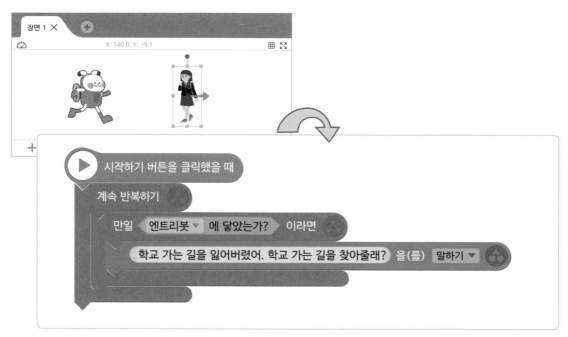

〈그림 1-23〉 〈말하기〉 명령어

〈시작하기〉 버튼을 클릭하고 마우스를 움직여서 엔트리봇이 정민에게 닿도록 합니다.

그러면 정민이가 그림 1-24처럼 말을 합니다.

〈그림 1-24〉 장면 창

공원을 배경으로 하겠습니다.

〈오브젝트 추가하기〉를 클릭하고 〈배경〉에서 '공원'을 가져옵니다.

〈그림 1-25〉 배경 넣기

그리고 다시 〈오브젝트 추가하기〉를 클릭하고 글상자를 넣어서 게임의 목표를 설명해줍니다.

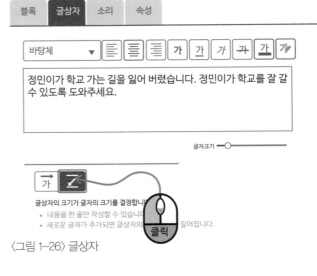

〈그림 1–26〉 글상자

글상자의 이름을 '작품 설명'이라고 짓습니다.

〈그림 1–27〉 장면 창

글상자를 고르고 코딩을 합니다. 이 글상자는 3초 있다가 보이지 않게 합니다.

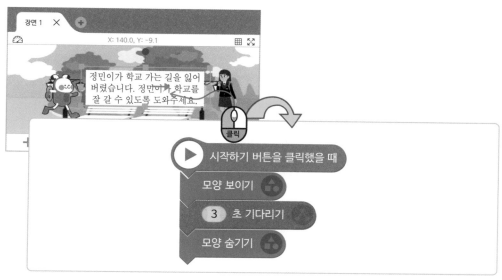

〈그림 1-28〉 글상자 3초 있다가 보이지 않기

그런데 〈작품 설명〉 글상자가 없어지기 전에 엔트리봇이 움직입니다. 어떻게 하면 될까요? 이럴 때는 신호를 사용하면 됩니다.

〈그림 1-29〉 〈신호〉 만들기

〈학교 길찾기 시작〉 신호를 만들고 그림 1-30과 같이 코딩을 합니다.

〈그림 1-30〉 글상자에 코딩

그림 1-31과 같이 코딩을 하면 〈학교 길찾기 시작〉 신호를 받아야 엔트리봇이 움직이게 됩니다.

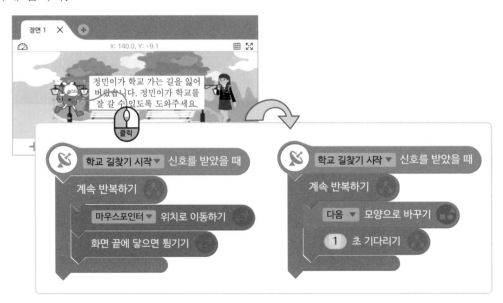

〈그림 1-31〉 엔트리봇에 코딩

완성된 코딩 정리

정민이가 학교 가는 길을 잃어버렸습니다. 정민이가 학교를 잘 갈 수 있도록 도와주세요.

작품 설명

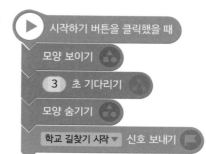

- 시작하기 버튼을 클릭했을 때
- 모양 보이기
- 3 초 기다리기
- 모양 숨기기
- 학교 길찾기 시작 ▼ 신호 보내기

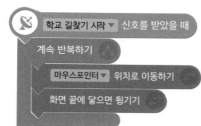

- 학교 길찾기 시작 ▼ 신호를 받았을 때
- 계속 반복하기
  - 마우스포인터 ▼ 위치로 이동하기
  - 화면 끝에 닿으면 튕기기

- 학교 길찾기 시작 ▼ 신호를 받았을 때
- 계속 반복하기
  - 다음 ▼ 모양으로 바꾸기
  - 1 초 기다리기

- 시작하기 버튼을 클릭했을 때
- 계속 반복하기
  - 만일 엔트리봇 ▼ 에 닿았는가? 이라면
    - 학교 가는 길을 잃어버렸어. 학교 가는 길을 찾아줄래 을(를) 말하기 ▼

장면을 하나 더 만들어서 이름을
'소방서'로 바꾸고 장면1은 '처음 만
나는 장면'으로 이름을 바꿉니다.

〈그림 1-32〉 소방서 장면

그리고 정민이에게 그림 1-33과 같이 코딩을 합니다. 정민이가 말을 하고 4초 있다
가 소방서 장면을 시작하는 것이죠.

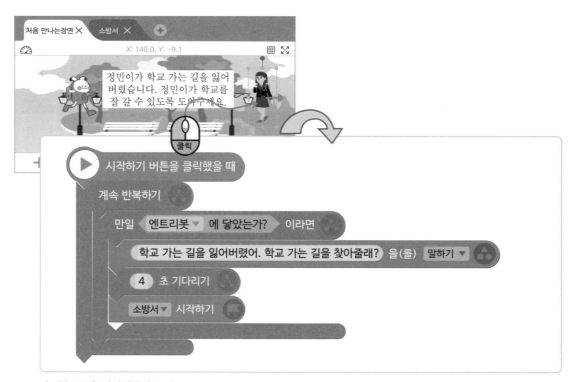

〈그림 1-33〉 정민이에게 코딩

엔트리봇을 복사해서 소방서
장면에 붙여넣기해서 사용합니
다. 소방서 장면에서도 마우스를
따라서 움직여야 하기 때문이죠.

〈그림 1-34〉 엔트리봇 복사하기

소방서 장면을 그림 1-35와
같이 만듭니다.

〈그림 1-35〉 소방서 장면

배경을 '풀'로 합니다.

그림 1-36은 소방서 장면의
오브젝트 순서입니다.

'소방서'는 〈건물〉 폴더 안에
있고, '풀'은 〈배경〉 폴더 안에 있
습니다.

〈그림 1-36〉 배경 넣기

〈장면이 시작되었을 때〉로 명령어를 바꿔야 한다는 것 기억나죠?

엔트리봇을 선택하고 코딩을 합니다.

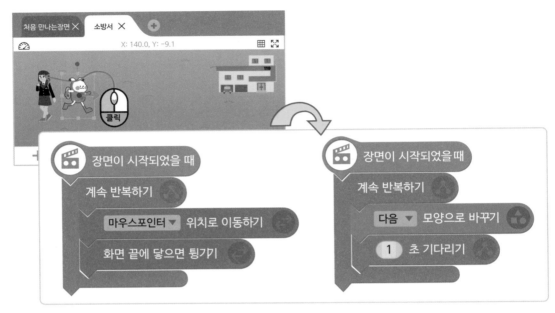

〈그림 1-37〉 〈장면이 시작되었을 때〉 명령어

정민이에게 그림 1-38과 같이 코딩을 합니다.

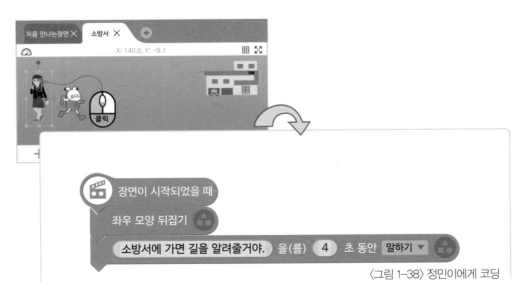

〈그림 1-38〉 정민이에게 코딩

〈장면 창〉을 보면 그림 1-39 처럼 정민이가 말을 합니다.

〈그림 1-39〉 장면 창

이제 미션을 하나 줍니다. 사이렌을 찾아야 다음 장면으로 넘어가는 것이죠.

사이렌은 번쩍번쩍 빛을 내면서 소리가 나는 물건입니다. 소방차 위에 달려있어서 많은 사람에게 위급한 상황이라는 것을 알립니다.

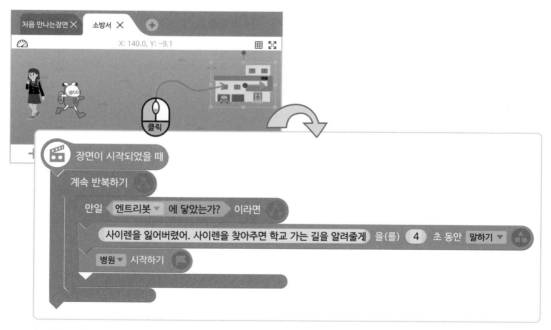

〈그림 1-40〉 소방서에 코딩

병원 장면을 하나 더 만듭니다.

〈그림 1-41〉 병원 장면 만들기

〈다음 장면 시작하기〉 명령어를 사용해도 됩니다.

소방서 장면 다음에 병원 장면이 있기 때문이죠.

〈그림 1-42〉 〈다음 장면 시작하기〉 명령어

이런 식으로 학교 가는 길에 볼 수 있는 것을 사용해서 게임을 만들 수 있습니다. 장
면을 잘 사용하면 이렇게 멋진 게임을 쉽게 만들 수 있습니다.

이제 사이렌을 넣어서 더 재미있는 게임을 만들어 보겠습니다.

배운 내용을 정리해요.

다음 코딩을 보고 바르게 설명한 것이 <u>아닌</u> 것을 고르세요.

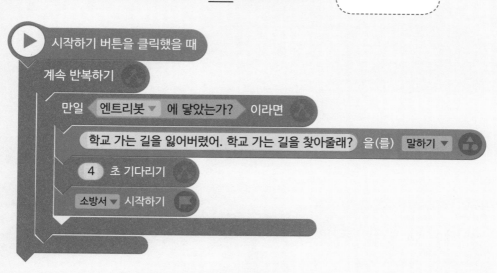

① 엔트리봇이라는 오브젝트에 닿으면 말을 해요.

② 엔트리봇이라는 오브젝트에 닿으면 병원으로 장면이 바뀌어요.

③ 〈엔트리봇에 닿았는가?〉는 판단 블록 꾸러미에서 찾을 수 있어요.

④ 〈4초 기다리기〉 명령어는 흐름 블록 꾸러미에서 찾을 수 있어요.

⑤ 엔트리봇이라는 오브젝트에 닿으면 4초 있다가 다른 장면으로 바뀌어요.

	스스로 평가해요.	확인
1	새로운 그림을 오브젝트로 사용할 수 있어요.	
2	오브젝트가 마우스포인터를 따라가게 코딩할 수 있어요.	
3	게임의 순서를 생각해서 차례대로 코딩할 수 있어요.	
4	조건을 이해하고 〈만약~이라면〉 명령어를 사용할 수 있어요.	

답은 토마토북 카페(http://cafe.naver.com/arduinofun)에서 확인할 수 있습니다.

2

학교를 찾아가요 2

사이렌을 찾으라는 미션을 주었습니다.

그림 2-1처럼 '사이렌'을 넣어볼까요? 사이렌은 〈오브젝트 추가하기〉-〈오브젝트 선택〉-〈물건〉 안에 있습니다.

〈그림 2-1〉 사이렌 넣기

검색해서 넣을 수도 있으므로 직접 찾기 어려우면 검색을 하면 됩니다.

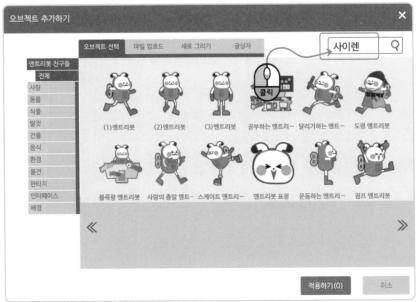

〈그림 2-2〉 사이렌 검색

〈오브젝트 추가하기〉-〈오브젝트 선택〉-〈식물〉에서 '나무(3)'을 넣습니다.

이 사이렌을 나무 뒤에 숨겨 보겠습니다. 나무를 사이렌 쪽으로 드래그에서 옮기면 사이렌이 나무에 가려서 보이지 않게 됩니다.

〈그림 2-3〉 나무 옮기기

만약 나무를 먼저 넣고 사이렌을 나중에 넣으면 사이렌이 가려지지 않습니다.

〈그림 2-4〉 사이렌 오브젝트

이럴 때는 나무와 사이렌의 순서를 바꿔야 합니다. 드래그해서 순서를 바꿔줍니다.

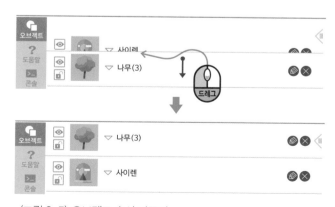

〈그림 2-5〉 오브젝트 순서 바꾸기

그리고 나무를 클릭해야 사이렌이 보이게 하고 싶습니다.

〈그림 2-6〉 장면 창

나무(3)을 선택하고 그림 2-7처럼 코딩하면 나무를 클릭했을 때 나무가 보이지 않게 되어서 사이렌이 보이게 됩니다.

〈그림 2-7〉 〈모양 숨기기〉 명령어

소방서가 더욱 자세하게 미션을 설명하도록 그림 2-8처럼 코딩을 합니다.

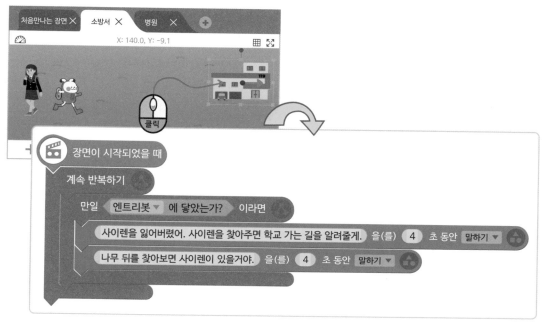

〈그림 2-8〉 소방서에 코딩

나무가 많이 있으면 좋겠죠? 나무를 여러 개 복제하고 사이렌을 숨긴 나무는 이름을 '사이렌 숨긴 나무'로 바꿉니다.

〈그림 2-9〉 나무 복제하기

그러면 〈장면 창〉이 그림 2-10 처럼 됩니다.

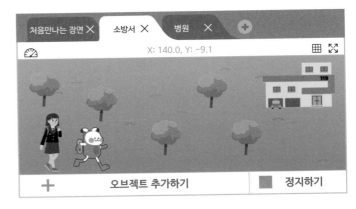

〈그림 2-10〉 장면 창

사이렌에 그림 2-11과 같이 코딩을 합니다. 사이렌을 클릭하고 〈사이렌 찾았다〉라는 신호를 만들어서 코딩을 합니다.

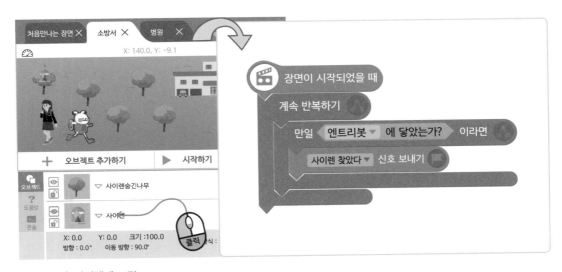

〈그림 2-11〉 사이렌에 코딩

소방서가 〈사이렌 찾았다〉 신호를 받으면 그림 2-12와 같이 말하도록 코딩을 합니다.

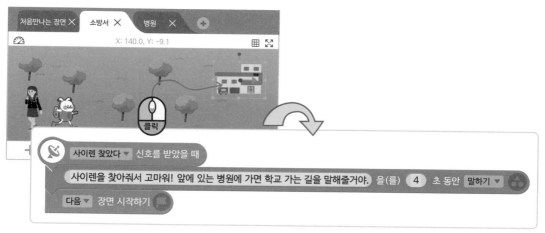

〈그림 2-12〉 〈사이렌 찾았다〉 신호

그런데 이렇게 코딩을 하면 엔트리봇이 사이렌이 있는 나무 위를 지나가도 사이렌이 엔트리봇이 닿게 되는 경우가 생겨서 신호를 보내게 됩니다.

그래서 장면이 시작되었을 때 사이렌을 숨겨야 합니다. 사이렌이 보이지 않으면 엔트리봇이 사이렌에 닿지 않습니다.

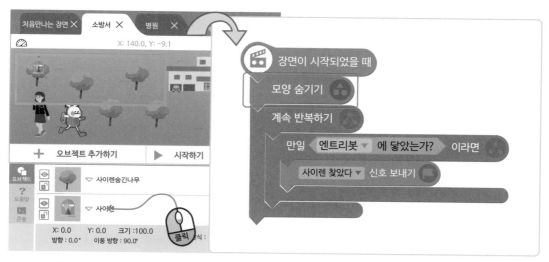

〈그림 2-13〉 모양 숨기기

'사이렌 숨긴 나무'를 클릭하면 보이지 않게 하고 〈나무 없어졌다〉 신호를 보냅니다.

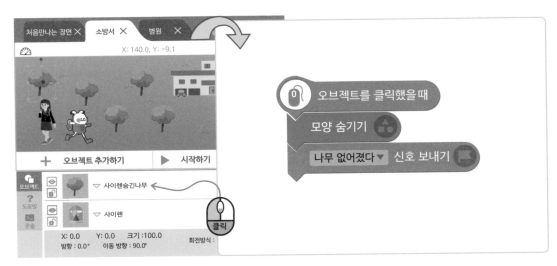

〈그림 2-14〉 〈나무 없어졌다〉 신호 보내기

사이렌이 〈나무 없어졌다〉 신호를 받으면 모양이 보이도록 그림 2-15와 같이 코딩을 합니다.

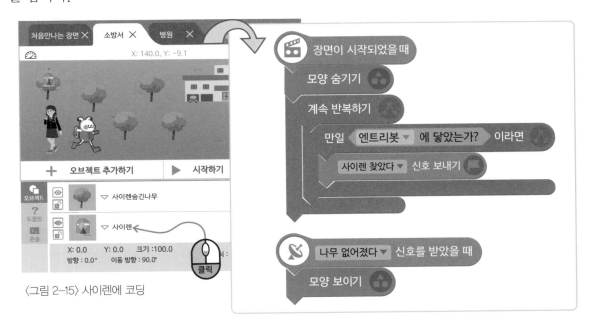

〈그림 2-15〉 사이렌에 코딩

완성된 코딩 정리

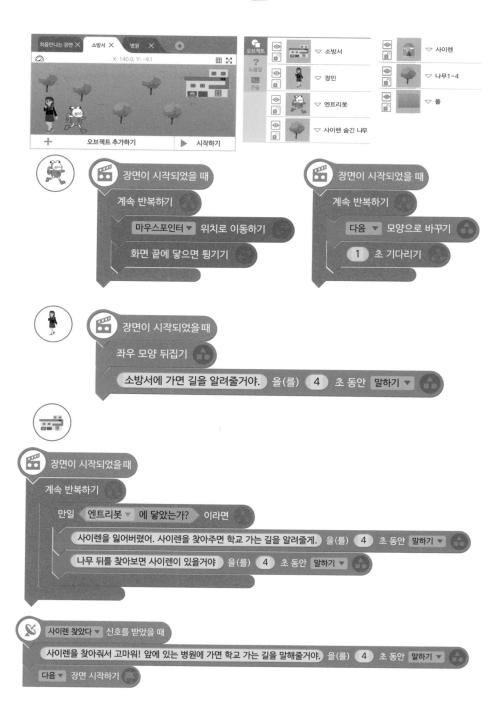

완성된 코딩 정리

 사이렌 숨긴 나무

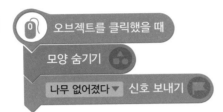

오브젝트를 클릭했을 때

모양 숨기기

나무 없어졌다 ▼ 신호 보내기

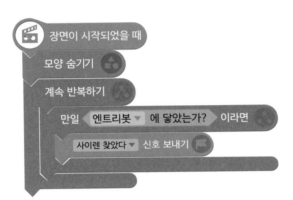

장면이 시작되었을 때

모양 숨기기

계속 반복하기

만일 엔트리봇 ▼ 에 닿았는가? 이라면

사이렌 찾았다 ▼ 신호 보내기

나무 없어졌다 ▼ 신호를 받았을 때

모양 보이기

여러분 장면을 복사하여 사용하는 방법을 아나요?

장면을 복사하면 오브젝트와 코딩한 것을 그대로 사용할 수 있습니다. 그러면 더욱 빨리 작품을 만들 수 있겠죠?

병원 장면을 삭제합니다.

이름 옆의 ×를 클릭하면 장면이 삭제됩니다.

〈그림 2-16〉 장면 삭제

장면 〈복제하기〉로 병원 장면을 다시 만들어 보겠습니다.

소방서 장면을 복제하면 소방서에서 사용했던 코딩이 그대로 복제되므로 더 쉽게 코딩을 할 수 있습니다.

〈그림 2-17〉 장면 복제하기

소방서 장면이 복제되었습니다.

〈그림 2-18〉 복제된 소방서 장면

복제본_소방서 장면 이름을 '병원'으로 바꿔서 그림 2-19처럼 만듭니다.

병원은 〈오브젝트 선택〉-〈건물〉에 있고 풀은 〈오브젝트 선택〉-〈배경〉에 있습니다.

〈그림 2-19〉 〈병원〉 장면 만들기

그리고 장면의 순서는 마우스로 드래그해서 바꿀 수도 있습니다.

여기서는 '소방서' 장면이 나온 다음에 '병원' 장면이 나와야 하니, 장면 순서는 바꾸지 않습니다.

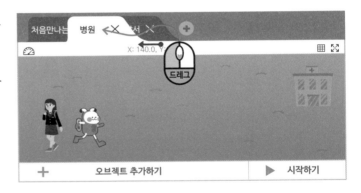

〈그림 2-20〉 장면 순서 바꾸기

병원은 이런 미션을 줍니다.

"약을 만들기 위해서 버섯이 5개 필요해. 그런데 주황색 버섯은 독이 있어서 절대 건들면 안 돼."

우선 그림 2-21과 같이 〈시작하기 버튼을 클릭했을 때〉 명령어를 사용하여 코딩을 하고 잘 되는지 확인합니다. 병원을 고르고 코딩을 합니다.

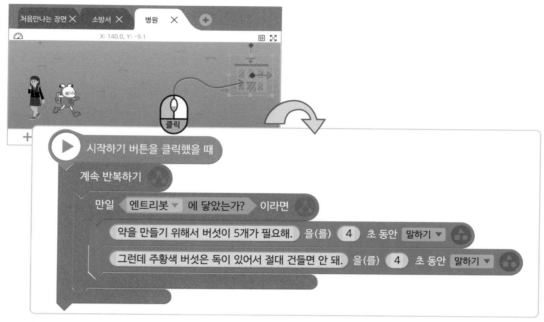

〈그림 2-21〉 병원에 코딩

잘 되는지 확인하고 나중에 〈장면이 시작되었을 때〉 명령어로 바꿔줍니다.

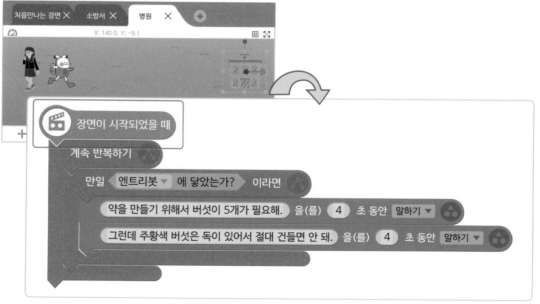

〈그림 2-22〉 명령어 바꾸기

우선 엔트리봇이 움직이는 것도 확인하기 위해서 그림 2-23과 같이 〈시작하기 버튼을 클릭했을 때〉 명령어 블록을 사용해서 코딩을 합니다.

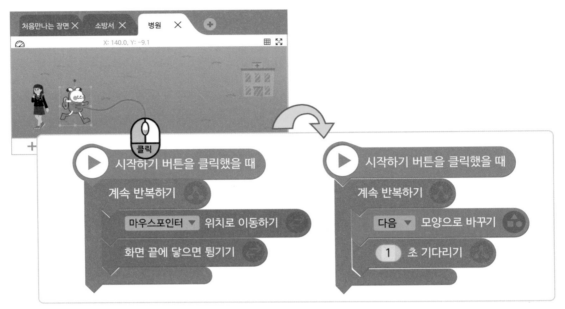

〈그림 2-23〉 엔트리봇에 코딩

〈시작하기 버튼을 클릭했을 때〉 명령어를 사용해서 확인해볼까요?

병원이 엔트리봇에 닿으면 미션을 잘 말해줍니다.

약을 만들기 위해서 버섯이 5개가 필요해.

〈그림 2-24〉 잘 되는지 확인하기

주황색 버섯을 넣고

〈그림 2-25〉 버섯(2) 넣기

'독버섯1'이라고 이름을 짓습니다.

〈그림 2-26〉 이름 바꾸기

〈독버섯 1〉은 그림 2-27과 같이 코딩을 합니다.

엔트리봇에 닿으면 〈독버섯 만졌다〉 신호를 보냅니다. 잘 되는지 확인할 때는 〈시작 하기 버튼을 클릭했을 때〉 명령어를 사용한다는 것 잘 알죠?

〈그림 2-27〉 독버섯1에 코딩

병원이 〈독버섯 만졌다〉 신호를 받으면 미션을 다시 시작하라고 말하도록 그림 2-28과 같이 코딩합니다.

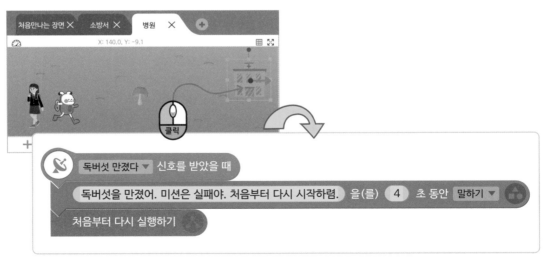

〈그림 2-28〉 병원에 코딩

잘 되는지 확인해 봅시다.

이렇게 되면 어떤 문제가 있을까요? 병원이 힌트를 주기도 전에 잘못해서 독버섯에 닿아서 처음부터 미션을 다시 해야 하는 경우가 생깁니다.

어떻게 하면 될까요? 신호를 사용하면 아주 쉽게 문제를 해결할 수 있습니다.

병원에 그림 2-29처럼 코딩합니다.

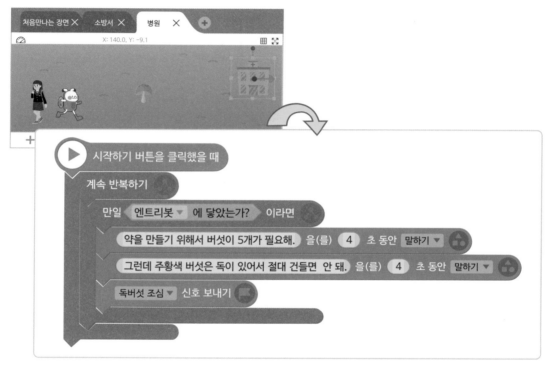

〈그림 2-29〉 병원에 코딩

그리고 독버섯1은 〈독버섯 조심〉 신호를 받아야 엔트리봇에 닿을 때 〈독버섯 만졌다〉
신호를 보내도록 그림 2-30과 같이 코딩합니다.

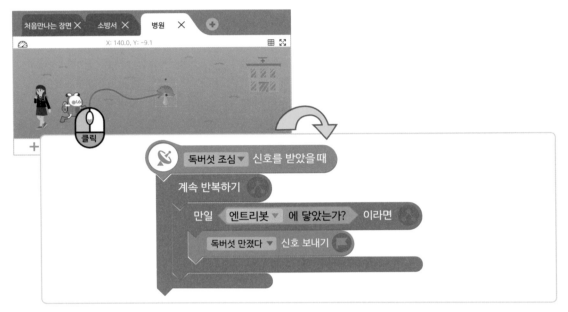

〈그림 2-30〉 독버섯1에 코딩

그리고 독버섯1을 4개 복제합니
다. 그러면 그림 2-31과 같이 자동
으로 이름이 바뀝니다.

〈그림 2-31〉 독버섯1 복제하기

그림 2-32처럼 독버섯을 풀 위에 골고루 둡니다.

〈그림 2-32〉 장면 창

이제 약버섯을 만들어 볼까요? 다른 종류의 버섯을 가지고 와서

〈그림 2-33〉 버섯(3) 넣기

이름을 '약버섯1'이라고 짓습니다.

〈그림 2-34〉 이름 바꾸기

그리고 이 약버섯을 5개 구하면 다음 장면으로 넘어가도록 코딩을 해야 합니다. 그런데 약버섯을 5개 구했다는 것을 어떻게 코딩해야 될까요?

바로 변수를 사용하면 됩니다.

코딩을 공부할 때 순서, 반복, 조건, 함수 그리고 변수를 꼭 기억해야 한다는 것 알죠?

여기서 정말 정말 중요한 변수에 대해서 알아야 합니다. 이 부분은 처음 배울 때는 어려울 수 있습니다. 무슨 말인지 잘 이해가 되지 않아서 머리가 아플 수도 있습니다. 하지만 열심히 반복해서 읽으면 분명히 이해가 잘 될 것입니다. 그리고 나중에 변수가 어떤 뜻인지 잘 이해하고 변수를 사용해서 코딩을 한다면 코딩이 더욱 재미있을 것입니다.

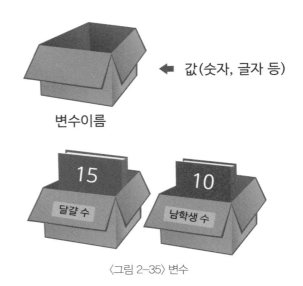

〈그림 2-35〉 변수

변수는 쉽게 설명하면 학교에 있는 사물함 같은 것입니다. 어떤 것을 저장하는 것이죠. 사물함에 책이나 크레파스와 같은 것들을 저장할 수 있는 것처럼 변수도 숫자, 글자 등을 저장할 수 있습니다.

'어떤 값을 변수에 저장한다.'

이렇게 표현하면 되겠죠. 그러나 변수와 사물함이 다른 점이 있는데 변수는 딱 한 가지만 저장할 수 있습니다. 어떤 변수에 1이라는 값이 저장되어 있는데 만약 2값을 다시 저장하면 원래 1값은 없어지고 2가 새롭게 저장됩니다.

이렇게 변하는 값을 가질 수 있어서 변수입니다. 아니면 값을 저장하는 상자라고 생

각해도 됩니다.

사물함을 쓸 때 누구 사물함인지 모르면 물건을 찾기 어렵습니다. 번호나 이름을 표시해두면 물건을 찾기 쉽겠죠. 마찬가지로 저장된 것을 쉽게 찾기 위해서(컴퓨터에 값을 저장하기 위해서) 변수에도 이름을 짓습니다.

변수를 사용하려면 우선 오브젝트를 골라야 합니다. 여기에서는 '약버섯1'를 골랐습니다. 〈속성〉-〈변수〉-〈변수 추가〉를 순서대로 클릭합니다. 그리고 변수 이름을 [구한 약버섯 수]라고 짓습니다.

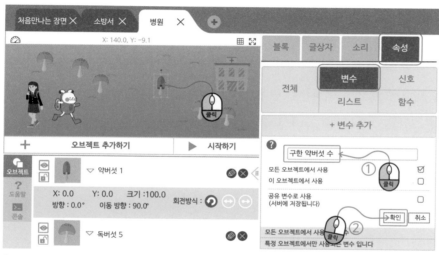

〈그림 2-36〉 변수 추가

확인 버튼을 누르면 그림 2-37과 왼쪽 위에 [구한 약버섯 수] 변수가 보입니다.

〈그림 2-37〉 장면 창

엔트리봇이 약버섯에 닿으면
[구한 약버섯 수] 변수 값이 하나
올라가도록 코딩하면 됩니다. 그
리고 버섯을 구했다는 것을 알려
주는 소리도 넣겠습니다. '또이' 소
리를 넣습니다.

〈그림 2-38〉 또이 소리

〈정하기〉는 그냥 그 값으로 하는 것입니다. 원래 변수 값이 100이든, 10000이든 상관
없습니다. 변수를 0으로 정하면 원래 변수 값이 무슨 값을 갖든지 그 변수 값은 0이 됩
니다. 제일 처음 시작할 때 [구한 약버섯 수]에 0을 저장합니다. 즉, 구한 약버섯 수가 아
무것도 없는 것이죠. 그리고 병원이 미션을 다 말해주고 〈독버섯 조심〉 신호를 보내는 것
을 기다려야 합니다. 〈독버섯 조심〉 신호를 받아야 엔트리봇이 약버섯에 닿았을 때 〈구
한 약버섯 수〉 변수에 1을 더하고 소리가 나도록 코딩을 해야 합니다.

〈그림 2-39〉 [구한 약버섯 수] 변수에 0값 넣기   〈그림 2-40〉 [구한 약버섯 수] 변수에 1 더하기

〈약버섯1〉에 그림 2-41과 같이 코딩을 합니다. 변수와 관련된 명령어는 〈자료〉블록 꾸러미 에 있습니다.

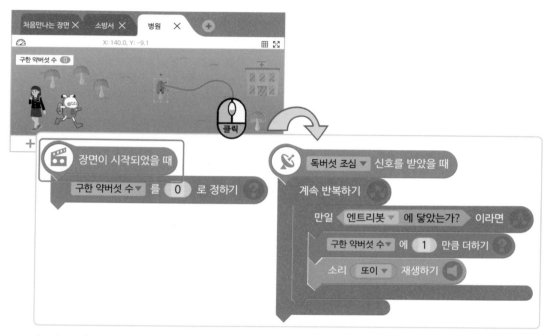

〈그림 2-41〉약버섯에 코딩

이렇게 되면 [구한 약버섯 수] 변수 값이 엄청나게 많이 올라가게 됩니다. 왜냐하면 컴퓨터는 엄청나게 빨라서 엔트리봇에 닿았을 때 정말 빠르게 1씩 더해주기 때문입니다.

어떻게 하면 될까요? 그림 2-42처럼 〈모양 숨기기〉 명령어를 사용하면 됩니다. [구한 약버섯 수] 변수 값을 1 올려주고 보이지 않으니 더 이상 엔트리봇과 닿지 않게 됩니다.

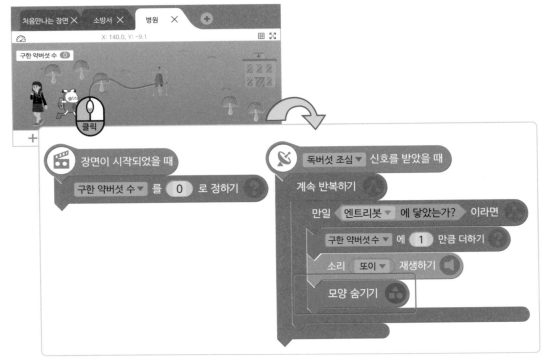

〈그림 2-42〉 모양 숨기기

그리고 '약버섯1'도 복제를 해서 약버섯을 5개 만듭니다.

그러면 [구한 약버섯 수]
변수 값을 0으로 정하는 코
드가 5개가 생깁니다.

이 중 하나만 남기고 나
머지는 지웁니다.

〈그림 2-43〉 약버섯 복제하기

그리고 그림 2-44처럼 약버섯을 골고루 둡니다.

〈그림 2-44〉 장면 창

이제 식을 사용해서 코딩을 해보겠습니다.

〈판단〉 블록 꾸러미 ⌄ 를 보면 그림 8-43과 같은 명령어 블록을 볼 수 있습니다.
판단

$$10 = 10$$

〈그림 2-45〉 등호

그림 8-46을 보면 엔트리봇이 4개 있습니다.

이것을 '엔트리봇의 수=4'로 표현할 수 있습니다. =는 '같다'라는 뜻입니다. =를 '등호'라고 합니다.

〈그림 2-46〉 엔트리봇 = 4

그렇다면 구한 약버섯 수▼ 값 = 5 는 무슨 뜻일까요?

[구한 약버섯 수] 변수 값이 5와 같다'라는 뜻입니다.

엔트리봇이 약버섯을 5개를 구해서 [구한 약버섯 수] 변수 값이 5가 되면 병원이 고맙다고 이야기합니다. 그리고 다음 장면으로 넘어갑니다.

병원에 그림 2-47과 같이 코딩을 합니다.

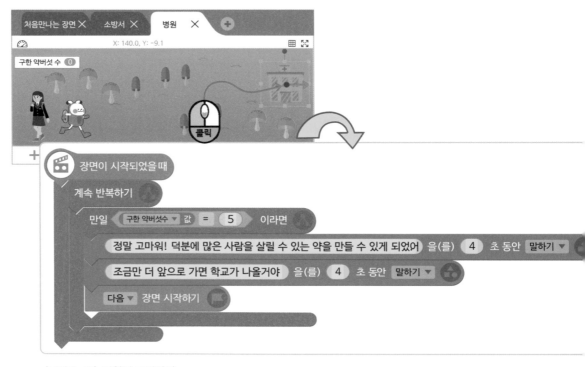

〈그림 2-47〉 병원에 코딩하기

엔트리봇이 약버섯을 다 먹으면 그림 2-48과 같이 병원이 말을 합니다.

〈그림 2-48〉 장면 창

잘 되는지 확인하고 병원 장면에서 〈시작하기 버튼을 클릭했을 때〉 명령어로 코딩했던 것을 〈장면이 시작되었을 때〉 명령어로 바꿔줘야 합니다.

처음 장면을 골라서 처음부터 프로그램을 시작해 볼까요?

그런데 첫 장면부터 [구한 약버섯 수] 변수가 왼쪽 위에 보입니다.

어떻게 하면 될까요?

〈그림 2–49〉 처음 만나는 장면

공원을 고르고 그림 2–50과 같이 코딩을 합니다.

〈그림 2–50〉 공원 클릭

〈그림 2–51〉〈구한 약버섯 수〉 변수 숨기기

그러면 [구한 약버섯 수] 변
수가 보이지 않습니다.

〈그림 2–52〉 장면 창

처음 만나는 장면에서는 [구한 약버섯 수] 변수 값을 숨겼으니 병원 장면에서는 변수
값을 보여줘야 합니다.

풀 배경에 그림 2–53과 같이 코딩을 합니다.

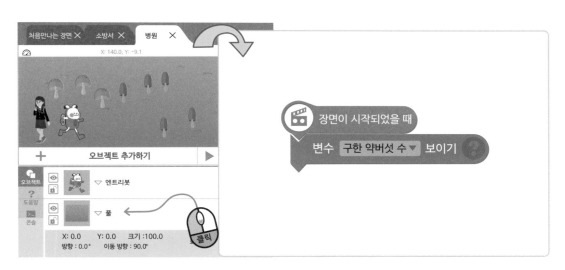

〈그림 2–53〉〈구한 약버섯 수〉 변수 보이기

순서, 반복, 조건, 함수 그리고 변수 등 중요한 내용을 다시 한 번 생각해보고 학교를
찾아가는 미션을 엔트리로 멋지게 만들어 봅시다.

완성된 코딩 정리

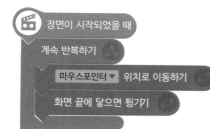

독버섯
1~5

약버섯
1~5

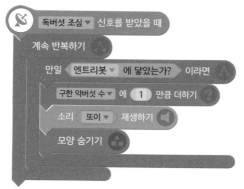

완성된 코딩 정리

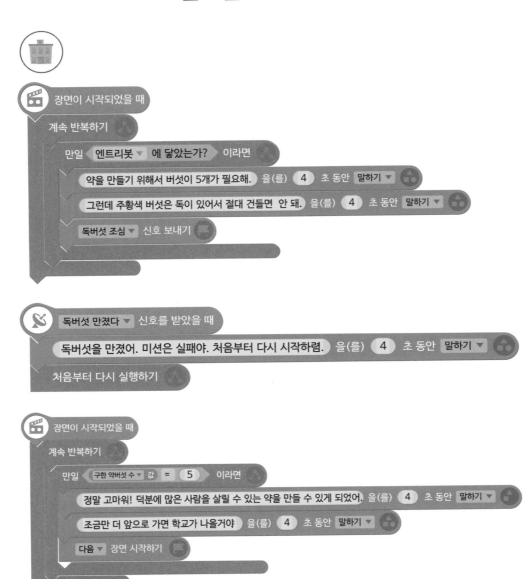

장면이 시작되었을 때
계속 반복하기
　만일 　엔트리봇 ▼ 　에 닿았는가? 　이라면
　　약을 만들기 위해서 버섯이 5개가 필요해. 　을(를) 　4 　초 동안 　말하기 ▼
　　그런데 주황색 버섯은 독이 있어서 절대 건들면 안 돼. 　을(를) 　4 　초 동안 　말하기 ▼
　　독버섯 조심 ▼ 　신호 보내기

독버섯 만졌다 ▼ 　신호를 받았을 때
　독버섯을 만졌어. 미션은 실패야. 처음부터 다시 시작하렴. 　을(를) 　4 　초 동안 　말하기 ▼
처음부터 다시 실행하기

장면이 시작되었을 때
계속 반복하기
　만일 　구한 약버섯 수 ▼ 　값 　= 　5 　이라면
　　정말 고마워! 덕분에 많은 사람을 살릴 수 있는 약을 만들 수 있게 되었어. 　을(를) 　4 　초 동안 　말하기 ▼
　　조금만 더 앞으로 가면 학교가 나올거야 　을(를) 　4 　초 동안 　말하기 ▼
　다음 ▼ 　장면 시작하기

장면이 시작되었을 때
　변수 　구한 약버섯 수 ▼ 　보이기

다음과 같이 코딩을 하면 [구한 약버섯 수] 변수에 들어있는 값은 얼마일까요?

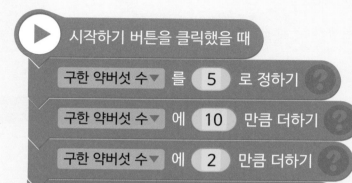

① 2

② 5

③ 7

④ 15

⑤ 22

스스로 평가해요.	확인
1 장면을 더 넣고 그 순서를 바꿀 수 있어요.	
2 신호를 사용해서 코딩을 할 수 있어요.	
3 등호를 이해할 수 있어요.	
4 변수를 사용해서 코딩을 할 수 있어요.	

답은 토마토북 카페(http://cafe.naver.com/arduinofun)에서 확인할 수 있습니다.

3 봄놀이 춤을 만들어요

봄이 되면 친구들과 즐거운 놀이도 하고 싶고 신나는 춤도 추고 싶습니다. 이번 시간에는 엔트리로 봄놀이 춤을 추는 모습을 만들어 보겠습니다.

우선 춤을 출 사람을 넣어야겠죠?

장면을 하나 만들고 엔트리봇을 삭제합니다.

〈그림 3–1〉 엔트리봇 삭제

〈오브젝트 추가하기〉–〈오브젝트 선택〉–〈사람〉에서 '걷고 있는 사람1'을 넣습니다.

〈그림 3–2〉 '걷고 있는 사람1' 넣기

〈모양〉을 클릭하면 '걷고 있는 사람1'의 여러 가지 모양이 나옵니다.

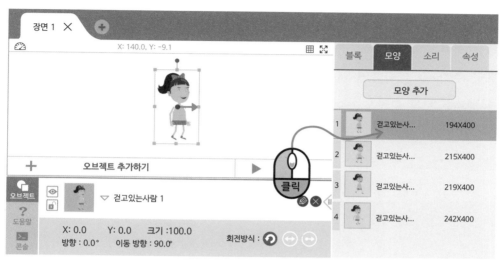

〈그림 3-3〉〈모양〉 클릭

그림 3-4처럼 원하는 모양을 골라서 바꿀 수 있습니다.

이 방법을 사용하면 신나게 봄놀이 춤을 추는 모습을 엔트리로 만들 수 있습니다.

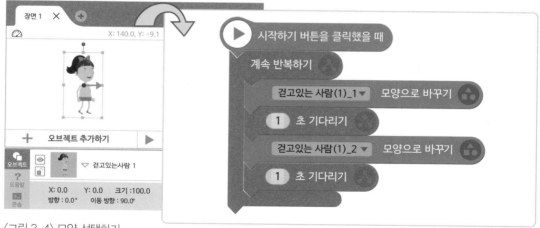

〈그림 3-4〉 모양 선택하기

오브젝트마다 여러 가지 모양을 가진 경우가 있습니다. '걷고 있는 사람1' 오브젝트는 4가지 모양을 가지고 있습니다.

〈모양 추가〉를 클릭하면 엔트리가 가지고 있는 오브젝트의 모든 모양을 보여줍니다.

〈그림 3-5〉 모양 추가

이것을 보고 춤을 만들기 좋은 오브젝트를 고릅니다.

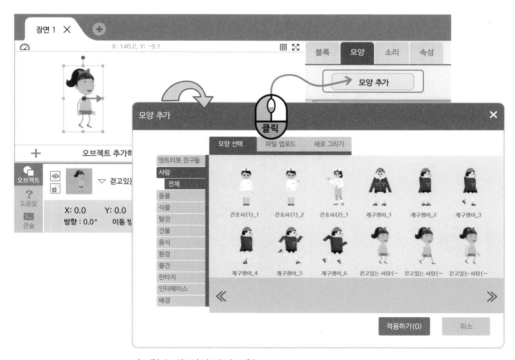

〈그림 3-6〉 여러 가지 모양

이 책에서는 '개구쟁이', '경찰(1)', '뛰어노는 아이', '원주민(1)'을 골랐습니다.

모두 고르고 〈적용하기〉를 누르면 고른 오브젝트를 모두 넣을 수 있습니다.

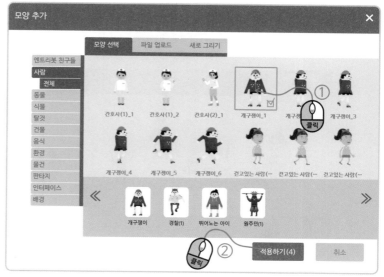

〈그림 3-7〉 적용하기

넣은 오브젝트를 겹치지 않도록 잘 놓습니다.

〈그림 3-8〉 장면 창

〈그림 3-9〉 장면 창

우선 개구쟁이가 춤을 추게 만들어 보겠습니다.

모양을 보니 5번째, 6번째 모양이 마음에 듭니다.

〈그림 3-10〉 개구쟁이 모양

이 2가지 모양을 1초마다 바꿔서 춤을 추도록 코딩을 합니다.

〈그림 3-11〉 개구쟁이에 코딩

6번째 모양을 보면 371×508이 보입니다. 이것은 그 모양의 크기를 말합니다.

371은 왼쪽부터 오른쪽까지(가로라고 합니다)의 크기를 말합니다. 508은 위에서 아래까지(세로라고 합니다)의 크기를 말합니다.

〈그림 3–12〉 그림 크기

개구쟁이처럼 어떤 모양은 다른 모양보다 큰 경우가 있습니다.

개구쟁이 5번째 모양보다 6번째 모양이 더 크죠? 그냥 사용하면 개구쟁이가 커졌다가 작아지면서 춤을 추게 됩니다.

〈그림 3–13〉 개구쟁이 5번째 모양과 6번째 모양의 크기

개구쟁이의 6번째 그림을 클릭하면 왼쪽 아래에 크기를 나타내는 곳이 보입니다. 여기에다가 숫자로 230, 354라고 적으면 개구쟁이의 5번째 그림과 크기가 같게 됩니다.

〈그림 3-14〉 크기 바꾸기

그림의 크기를 바꾸고 다른 그림을 고르면 수정된 내용을 저장하겠느냐고 묻습니다. 〈확인〉을 클릭하면 바뀐 그림이 저장됩니다. 아니면 〈파일〉-〈저장하기〉를 순서대로 클릭하면 됩니다.

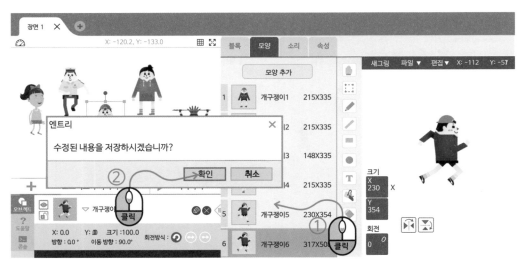

〈그림 3-15〉 수정된 내용 저장

나머지 오브젝트도 이런 방법으로 원하는 모양을 골라서 춤을 추게 코딩을 합니다.

그리고 배경이 없으니깐 심심합니다.

봄의 모습을 잘 보여줄 수 있도록 '꽃밭(3)'을 배경으로 선택해 넣습니다.

〈그림 3-16〉 배경 넣기

봄동산에 사는 동물이나 식물들도 넣어줍니다. 〈오브젝트 추가하기〉-〈오브젝트 선택〉을 클릭하여 그림 3-17과 같이 동식물을 넣어줍니다.

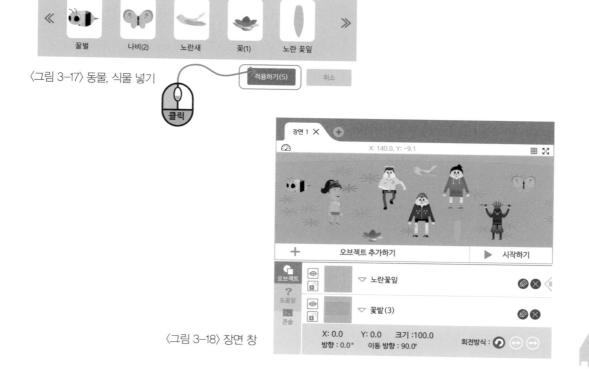

〈그림 3-17〉 동물, 식물 넣기

〈그림 3-18〉 장면 창

여기까지 했으면 정말 정말 잘한 것입니다. 그런데 봄놀이 춤 작품을 더 멋지게 만들고 싶지 않나요? 어떻게 하면 될까요?

배경음악을 넣으면 더 멋진 작품이 될 것입니다.

그런데 아무 음악이나 넣으면 안 됩니다. 왜냐하면 다른 사람이 만든 음악은 저작권이 있기 때문입니다. 저작권을 쉽게 말하면 어떤 작품을 사용할 수 있는 권리 또는 힘이라고 생각하면 됩니다. 음악을 사용하려면 음악을 만든 사람한테 그 음악을 사용해도 된다는 것을 허락받아야 합니다.

여러분 유뷰트를 알죠? 재미있는 동영상을 볼 수 있는 멋진 사이트입니다.

유튜브에서 '오디오 라이브러리'라고 검색하면 돈을 안 내도 사용할 수 있는 음악을 찾을 수 있습니다.

검색창에 '유튜브'라고 검색을 합니다.

〈그림 3-19〉 유튜브 검색

그리고 유튜브 검색창에 '오디오 라이브러리'라고 치면

〈그림 3-20〉 오디오 라이브러리

그림 3-21처럼 많은 음악이 나옵니다.

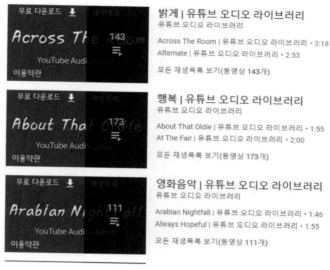

〈그림 3-21〉 여러 가지 음악

이 책에서는 '행복' 노래를 선택하겠습니다.

봄이 되면 우리 모두 행복하잖아요? '행복' 노래를 고르면 오른쪽 그림처럼 행복과 관련된 많은 노래가 나옵니다.

이 중에서 원하는 노래를 고릅니다.

〈그림 3-22〉 행복 관련 노래

화면에 있는 〈무료 다운로드〉를 누르면 이 음악을 자신의 컴퓨터로 다운 받을 수 있습니다. 그림 3-23처럼 바탕화면에 다운로드합니다.

노래 이름은 '봄노래'로 정했습니다.

〈그림 3-23〉 〈무료 다운로드〉 클릭

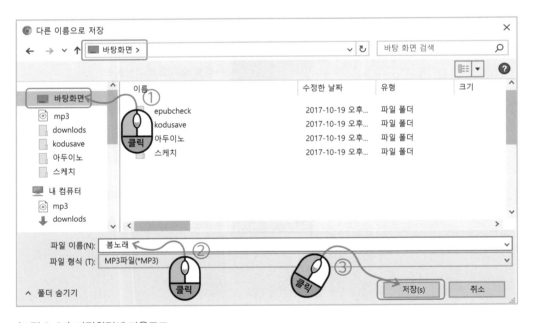

〈그림 3-24〉 바탕화면에 다운로드

'꽃밭(3)'에 소리를 넣어볼까요? '꽃밭(3)'을 클릭합니다. 〈소리〉−〈소리추가〉를 순서대로 클릭합니다.

〈그림 3−25〉 소리 추가

〈파일 업로드〉를 선택합니다.
〈파일추가〉를 클릭하고

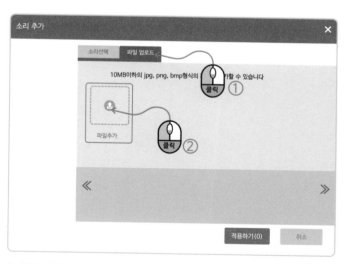

〈그림 3−26〉 파일 추가

다운 받았던 음악을 선택하고 〈열기〉를 클릭합니다.

〈그림 3-27〉 바탕화면에 다운로드

오브젝트와 마찬가지로 〈적용
하기〉를 클릭하면 다운 받았던 음
악을 사용할 수 있습니다.

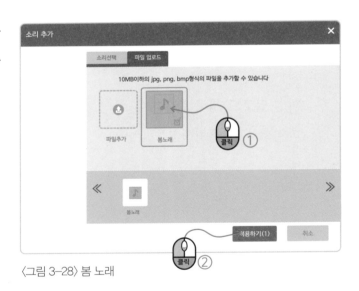

〈그림 3-28〉 봄 노래

'꽃밭(3)' 배경에 그림 3-29처럼 코딩을 합니다. 그런데 이렇게 코딩을 하면 이상한
소리가 나옵니다. 왜냐하면 〈재생하기〉 명령어는 소리를 조금 들려주고 다시 처음으로
돌아옵니다. 그래서 음악의 앞부분만 계속 들려주게 됩니다.

〈그림 3-29〉 재생하기

그림 3-30과 같이 코딩하면 음악이 끝날 때까지 계속 들려줍니다. 음악이 끝나더라도 다시 처음부터 음악을 들려줍니다.

〈그림 3-30〉 재생하고 기다리기

봄놀이 춤을 만들면서 열심히 생각하고 코딩을 했습니다.

지금처럼 열심히 생각하고 즐겁게 코딩을 하다보면 여러분의 실력이 쑥쑥 클 것입니다. 모르는 내용이 있으면 항상 반복해서 읽어보세요.

완성된 코딩 정리

장면 1 ✕ ⊕

X: 140.0, Y: -9.1

오브젝트 추가하기 | ▶ 시작하기

오브젝트 / 도움말 / 콘솔

▽ 걷고있는사람1
▽ 개구쟁이
▽ 경찰(1)
▽ 뛰노는아이
▽ 원주민(1)

▽ 꿀벌
▽ 나비(2)
▽ 노란새
▽ 꽃(1)
▽ 노란 꽃잎
▽ 꽃밭(3)

▶ 시작하기 버튼을 클릭했을 때

계속 반복하기

걷고있는 사람(1)_1 ▽ 모양으로 바꾸기

1 초 기다리기

걷고있는 사람(1)_2 ▽ 모양으로 바꾸기

1 초 기다리기

▶ 시작하기 버튼을 클릭했을 때

계속 반 복하기

개구쟁이_5 ▽ 모양으로 바꾸기

1 초 기다리기

개구쟁이_6 ▽ 모양으로 바꾸기

1 초 기다리기

▶ 시작하기 버튼을 클릭했을 때

계속 반복하기

소리 봄노래 ▽ 재생하고 기다리기

배운 내용을 정리해요.

〈봄노래〉 노래로 배경음악을 만들고 싶습니다.

ㄱ와 ㄴ중 바르게 코딩한 것을 골라서 글자에 동그라미 표시를 해주세요.

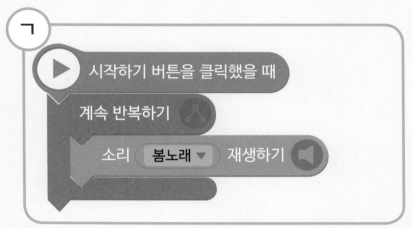

ㄱ

시작하기 버튼을 클릭했을 때

계속 반복하기

소리 봄노래 ▼ 재생하기

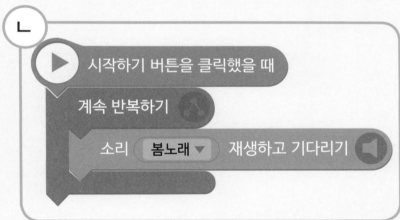

ㄴ

시작하기 버튼을 클릭했을 때

계속 반복하기

소리 봄노래 ▼ 재생하고 기다리기

	스스로 평가해요.	확인
1	문제를 나눠서 생각할 수 있어요.	
2	원하는 모양만 사용해서 코딩을 할 수 있어요.	
3	동시에 여러 오브젝트가 춤을 추게 할 수 있어요.	
4	배경음악을 넣을 수 있어요.	

답은 토마토북 카페(http://cafe.naver.com/arduinofun)에서 확인할 수 있습니다.